JN262168

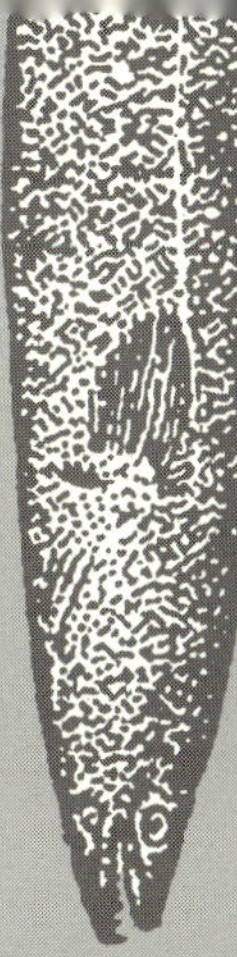

うなぎ

謎の生物

虫明敬一［編］

水産総合研究センター叢書

築地書館

まえがき

今から2000年以上も前のこと、紀元前4世紀に古代ギリシャの有名な哲学者アリストテレスが著した『動物誌』という本があります。アリストテレスがその本の中で、

「ウナギは大地のはらわたから生まれる」

と書いていることは、広く知られています。有名な自然発生説です。大地のはらわた、つまり泥や湿った土の中で生まれるとされており、それは今でいう「ミミズ」だと考えられています。その後、17世紀になっても、ウナギの寄生虫をウナギの仔魚《しぎょ》（子供）だと考えた研究者もいたそうです。それほどまでに、ウナギがどこで生まれどのように育つのかは、二千数百年もの間、謎とされてきました。

20世紀後半になってニホンウナギの研究が大きく前進し、1991年6月の調査で、マリアナ諸島西方が産卵場であることが、ほぼピンポイントで特定されました。翌1992年には、世界で最も権威の

ある学術雑誌の一つである『ネイチャー』の表紙を飾るビッグニュースとなりました。

２００９年５月、ついに西マリアナ海嶺で天然ニホンウナギの親魚《しんぎょ》や卵が採集され、次いで２０１０年４月には、世界に先駆けてニホンウナギの完全養殖達成の快挙を成し遂げました。これらのビッグニュースはマスコミでも大きく取り上げられ、瞬く間に世界中を駆け巡り、日本の水産研究・技術開発レベルの高さを世界に証明することができました。

このような成果は、長年にわたる地道な調査・研究が、２００５年から始まった農林水産技術会議の委託プロジェクト研究「ウナギの種苗《しゅびょう》生産技術の開発」と、水産庁をはじめとする公的機関の調査船によるマリアナ海域への天然ウナギ調査航海を経て、実を結んだものといえます。


本書は、これまでのウナギの種苗生産技術開発の経緯や基盤となる研究成果に焦点を当てつつ、研究者の長年の苦労話、論文などには書けないエピソードなども交えながら、ウナギ種苗生産に関するプロジェクトに参画している研究者が中心となって執筆しました。

第１章では、日本人とウナギの関わりについて、食生活や食品としての安全性、養殖形態、養殖用の天然シラスウナギの漁獲動向などを紹介しながら、このプロジェクトが始まるにいたった経緯を概説します。

第２章では、天然ウナギの産卵場の大発見に関わる航海調査の歴史を振り返りつつ、完全養殖に挑む上での種苗生産技術開発に大きく貢献した、ウナギ産卵場調査での天然海域情報を紹介します。

第3章では、養成されたウナギの雌雄の親魚から、いかにして精子や卵を得るかに関する研究・技術開発の進展の歴史を紐解きつつ、現状で考えうる最新のウナギ親魚の養成方法について言及します。

そして、最終の第4章では、今後のウナギ養殖の救世主にもなりえ、また、ついに研究者の悲願が叶ったウナギの完全養殖達成にまつわるこれまでの歴史を振り返るとともに、今後のウナギ養殖についても触れます。

本書で紹介する数多くの知見や成果につきまして、ややもすれば専門的になりがちな難解な表現を、研究者自らができるだけ平易な言葉で説明するよう心がけました。また編集の体裁上、登場する方々の敬称を省略させていただきました。水産関係者だけでなく、一般の読者の方々にもお読みいただき、今や日本人の国民食であるニホンウナギの研究・技術開発の歴史と成果、そして研究者の苦労話を存分にご堪能いただければ幸いです。

平成24年6月吉日

農林水産技術会議委託プロジェクト研究「ウナギの種苗生産技術の開発」
研究推進リーダー　虫明敬一

もくじ

まえがき

第1章　日本人とウナギ――廣瀬慶二・虫明敬一　13

1　ウナギを食べる　14
ウナギの語源と起源／ウナギ料理／ウナギの安全性

2　ウナギの養殖　22
ウナギの陸上生活／ウナギ養殖の歴史

3　養殖の種苗に使うシラスウナギ　28
シラスウナギとは？／シラスウナギの漁獲量／シラスウナギの輸入

4　ウナギの消費量　31
国産ウナギの消費量／輸入ウナギの消費量

5　ウナギ種苗生産研究の夜明け　33
国内でのウナギ種苗生産開拓者／ウナギ種苗生産研究における県の役割

6　ウナギプロジェクトへの道　40
増養殖研究所とは？／自然産卵に成功！／ウナギは多回産卵するのか／雑種はできるのか／ウナギプロジェクト

第2章　ウナギの産卵場を求めて――塚本勝巳　47

1　**産卵場の謎**　49
ウナギの生活史／レプトセファルスの謎／大西洋のウナギ産卵場／世界のウナギ産卵場

2　**太平洋の調査**　56
産卵場調査の歴史／ビギナーズラック／魔法の石／空白の時／さまざまな試み

3　**二つの仮説**　67
採れない理由／海山仮説／新月仮説／原点回帰と新兵器

4　**プレレプトセファルスの採集**　76
ハングリードッグ作戦／プレレプトセファルスが採れた！／経験することの意味／プレレプトセファルスと卵の差

5　**親ウナギの捕獲**　81
漁業調査船・開洋丸／出港／親ウナギ捕獲！／海山とウナギの産卵／雌親魚の発見／オオウナギとニホンウナギ／産卵生態の不思議

6　**卵の発見**　94
合同調査／卵が採れた！／傾いた塩分フロント／ウナギの当たり年／産卵の水深／遇然か、必然か？／産卵地点の移動／ウナギの未来

第3章　ウナギをつくる――香川浩彦・太田博巳　107

1　ウナギの性　108
養殖ウナギは雄ばかり／天然ウナギの性／雄になるための条件／養殖場ウナギの性／ウナギの性転換／外観からの性判別

2　ウナギの成熟の不思議　121
成熟したウナギはいない？／天然のウナギも成熟しない？／環境によって授かる命／ウナギの寝床／ウナギの試練／成熟ウナギ発見／ウナギの産卵回数は？／なぜウナギは産卵を先延ばしにするのか／ウナギの正しい産卵行動とは？

3　ウナギを人工的に成熟させる方法　135
歴史的な研究成果／ウナギを成熟させる魔法の妙薬／常識では考えられないホルモンの効き目／サケ脳下垂体を集めろ／卵の黄身の役割／サケ脳下垂体抽出液は万能ではなかった／試験管の中の卵／この研究は何の役に立つ？

4　雌の成熟　149
ウナギの卵は水っぽい／水に浮かぶウナギの卵／都合よくはいかないのがウナギ／世界に誇る日本の技術／怠慢が生んだ技術／厳格な研究者の技術／夢のゆくえ

5　雄の成熟　162
ウナギの精巣／養殖した雄ウナギが成熟するまで／ウナギの精子／死んだ精子が半分以上！／精子は海を泳ぐ／卵のトンネルに引き寄せられる精子／精子は冷蔵庫に大量保存
6　人工授精　179
受精卵を得る二つの方法／ウナギの人工授精／誘発産卵か人工授精か／
7　よい卵をつくる　185
卵質向上が目下の課題／卵質評価の指標とは？／地道な品質チェック作業／超小型水槽で生残率を測定／卵質改善に向けて／排卵誘発のタイミング／人工授精のタイミング／卵への栄養強化／今後の課題

第4章　ウナギを育てる――田中秀樹　201

1　ウナギの赤ちゃんは育つのか？　202
衝撃の出会い／私が「魚飼い」を目指すまで／魚の赤ちゃんを育てる／ウナギの仔魚との対面／先人の足跡
2　どんな環境がいいの？　218
本格的なウナギ仔魚飼育試験の始まり／ついにワムシを食べた！／元気な仔魚に育つ条件／水圧の影響／たくさん餌を食べる条件／なぜ少ししか食べないのか

3　いったい何を食べるの？　236
新しい餌の探索／ブレークスルー／サメ卵飼料を用いたウナギ仔魚の長期飼育法／仔魚の成長と形態の変化／新たな壁

4　足りない栄養は何？　246
タンパク質不足なのか／ペプチドとの出会い／飼育条件の再検討／餌の再検討／究極の餌の誕生

5　劇的な変身〜シラスウナギの誕生　255

6　ついに実現！「完全養殖」　261

7　未来のウナギ養殖　265

引用文献　271
さくいん　279

ウナギの身体

オスとメスの区別は非常に難しい
成熟前であれば性転換も可能

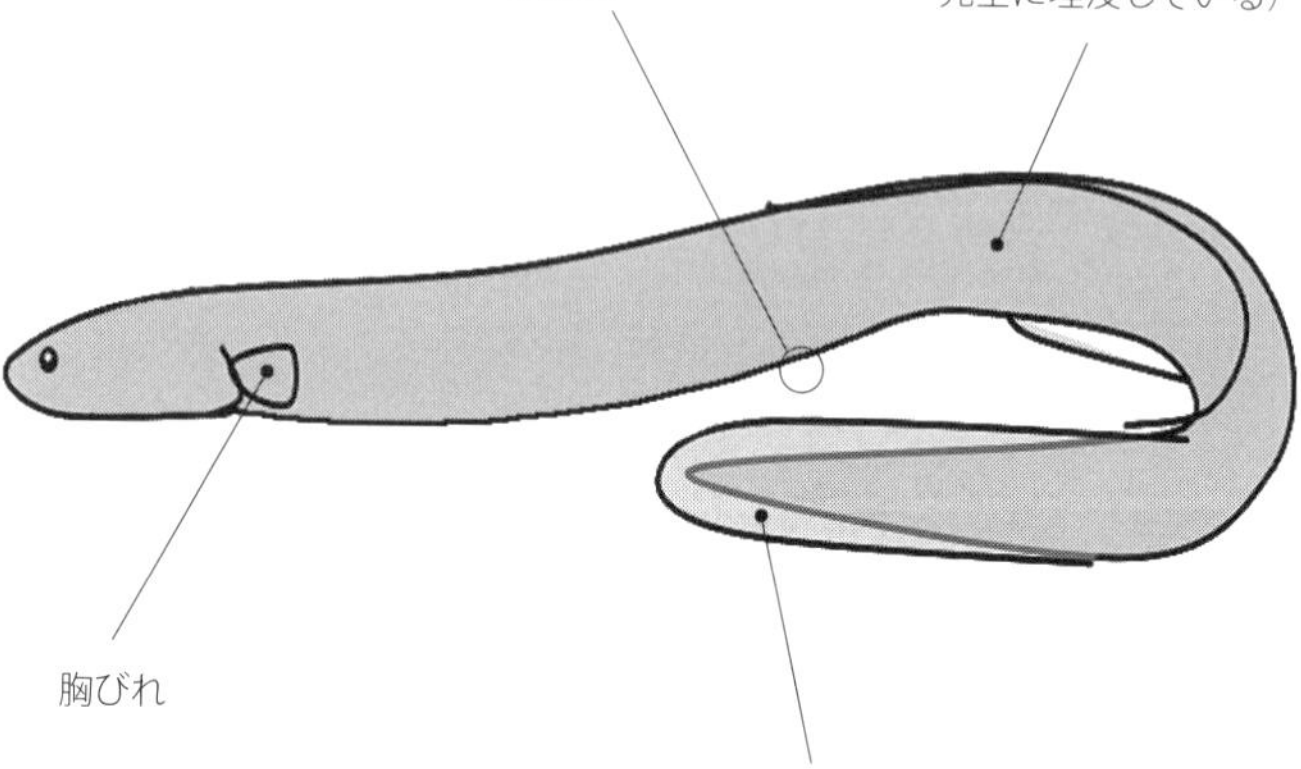

第**1**章

日本人とウナギ

廣瀬慶二（1～6）
虫明敬一（1～2）

1　ウナギを食べる

ウナギの語源と起源

日本には、むなぎ（武奈伎）というウナギの古称がある。奈良時代の『万葉集』に大伴家持《おおとものやかもち》が、

石麻呂《いはまろ》に　吾《わ》れもの申す夏痩せに　よしといふものぞ　むなぎとり召せ

と詠んだのが最初である。これは夏痩せにむなぎ（＝ウナギ）を食べるとよいと勧めている歌で、ウナギは古くからスタミナ食として親しまれた食材であったことがうかがえる。その後、12世紀ごろになって現在のウナギという語形が登場し、定着したとされている。このむなぎの語源には、

・家屋の棟木《むなぎ》のように丸く細長いことに由来する
・ウナギの胸が黄色（胸黄《むなぎ》）であることに由来する

・料理の際に胸を開くむなびらきに由来する

などの諸説があるが、いずれも民話が語源であり、定説と呼べるものはないようである。

一般にウナギといえば、ぬるぬるした皮膚が思い浮かぶ。ウナギの身体を覆っているこのぬるぬるの正体は、タンパク質と糖が結合したムチンと呼ばれる物質であり、オクラや納豆のねばねばもこのムチンである。山芋にもムチンが含まれているので、かつては山芋がウナギになると考えられていた時代があったのも無理はない。

ウナギは、ウナギ目ウナギ科ウナギ属に属する魚である。ウナギ目全体だと700種以上存在するが、ウナギは全世界でわずか19種だけである。その起源については、ウナギの研究で世界的に著名で、本書の著者の一人でもある東京大学大気海洋研究所・教授の塚本勝巳らの研究グループが、世界中に分布しているウナギ19種の遺伝子解析を行い、インドネシアのボルネオ島固有のアンギラ・ボルネンシス（*Anguilla bornensis*）というウナギの起源が最も古いことを明らかにした。

ウナギの祖先は、約1億年前に現在のインドネシア付近の海産魚から生まれ、その後、世界中に広がったのではないかと考えられている。

1.1　商い中のウナギ専門店の「のれん」。土用の丑の日が近づくと、たくさんの人びとが、こののれんをくぐる

ウナギ料理

日本人はウナギ（現在、標準和名をニホンウナギとする考えがある）が好きな国民である。土用の丑の日が近づくとスーパーマーケットで調理されたウナギを買ったり、ウナギ専門店からの香ばしい匂いに引きつけられ、のれんをくぐる人が多い（1・1）。

全国にウナギ料理店がどのくらいあるかは定かではないが、東京には９００軒、ウナギで町おこしを進めている埼玉県さいたま市浦和には専門店が30軒、静岡県三島市にはうなぎ横町があり、専門店28軒が加盟している。一つの魚を売り物にしている店がこれほど多いのはウナギくらいだろう。

１３９９（応永６）年に書かれた『鈴鹿家記』には、ウナギを筒状に切り串に刺して焼いていたと書かれており、この形が植物の蒲《がま》の穂に似ていたことから蒲焼と呼ばれるようになったという説がある。他にも、焼いたウナギが樺の木の色に似ていたことに

1.2　ウナギ専門店のうな重。18 世紀後半の江戸時代、初めて醤油ベースのタレが用いられたという。江戸の庶民にも人気の料理であった

由来する説もある。室町時代までは、ウナギは丸ごと、あるいは筒状に切り、あぶって塩や味噌をつけて食べていた。

18世紀後半の江戸時代、千葉県銚子市にある現在のヒゲタ醤油が濃口醤油をつくり、それをウナギの蒲焼に使ったという。これ以降、ウナギにタレをかけて食べるようになったとされている。同じころ、有名な本草学者であった平賀源内が、ひいきのウナギ屋から「夏枯れでウナギが売れない」と相談され、

　土用の丑の日うなぎの日　食すれば夏負けすることなし

の看板を立てたら大繁盛したといわれている。この時代のうな丼は、丼に盛ったご飯に蒲焼をのせただけで、冷めにくいようにするフタは使われていない。

当時の庶民の食べ物であった二八《にはち》そばの値段が16文であったが、うな丼はそれよりもはるかに高価であった。しかし、あの香ばしい匂いにもつられ、当時の庶民にも人気のある料理であった

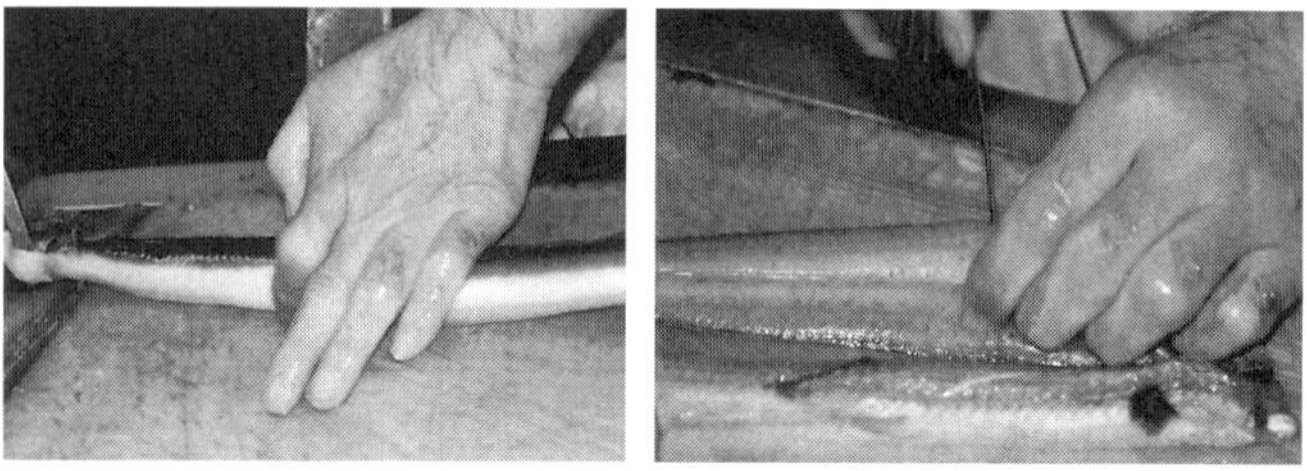

1.3　ウナギの背開き（左）と串さし（右）の様子。
武士文化が強い関東では、腹を切ることは切腹につながるとされて背開きにする。関西では商人文化が強く、お互いに腹を割って話をすることから腹開きになったという。蒲焼きには伝統的な技術が使われ、裂き３年、串８年、焼き一生といわれている

ことに疑う余地はないだろう。食するウナギはもちろん天然のものであり、江戸城周辺で捕れるウナギが使われ、特に深川の江戸前のウナギが評判であった。利根川や霞ヶ浦産のウナギは、船で運搬されていた。

現代では、加工工場でタレをつけて焼いた蒲焼がスーパーマーケットでたくさん売られている。しかし、ウナギといえば、ウナギ専門店に出かけて食べる、その店で長く受け継がれた独特の醤油ベースのタレで焼いた蒲焼であろう。値段が安い小さめのウナギを使う「うな丼」と、漆塗りの木製の重箱にご飯を詰めて少し大きめのウナギをのせた「うな重」が代表的でである（1・2）。

ウナギ料理は、関東と関西では違う。関東では背開き（1・3）にして一度焼き、それから蒸し器で蒸してから、タレをつけてもう一度焼く。武士の文化が強い関東では、腹を切ることは切腹を意味し、嫌われたため、背開きにされたという。関西では商人文化が強く、お互いに腹を割って話をすることから腹開きになったといわれている。関西では関東のように蒸さず、直接タレをつけて焼くのが

一般的である。

蒲焼には伝統的な技術が使われ、裂き3年、串8年、焼き一生といわれている。

ウナギの安全性

毎年、土用の丑の日が近づくにつれて、新聞の折り込みやスーパーマーケットのチラシには「ウナギ」の文字が乱舞し、今や季節の風物詩になっている。日本人にとって、ウナギは国民食の地位に匹敵するほど人気が高い。その食材としての安全性について、少し考えてみたい。

過去に何度も、中国産ウナギの一部から水銀、合成抗菌剤、発がん性物質などが検出されたというニュースが、テレビや新聞などで報道された。そのたびに、罪のないウナギに冷ややかな視線が浴びせられてきた。いずれもウナギに含まれているこれらの有害物質の濃度は、人体にただちに悪影響をおよぼす濃度ではないという注釈がつけられてはいるものの、これらの物質が食品に含まれていたことは疑いようのない事実であり、食品衛生法にも抵触する。

中国での養殖の後に輸入されるウナギであれ、国内で天然シラスウナギから養殖されるウナギであれ、いずれは人間の胃袋に納まる食材である。そのため、安全面への配慮と確保は、ウナギの飼育当初から始まる。本来、飼育の過程で薬剤などを一切使用しない飼育ができれば、それに勝るものはない。

しかし、ウナギも生き物であるため、病気になることもある。病気になった場合には、中国だけでなく台湾や日本でも法律で許可された薬剤だけを適切に使用すれば、法的規制を受けることはない。そうすることによって、ウナギはもとの健康な状態に戻るとともに、国民は安心して養殖ウナギを食べることができる。

日本国内ではもちろんのこと、最近では中国国内でも厳重な管理のもとで安全な飼育に努め、また、加工工場でも何度も検査されたウナギだけが対日輸出許可を得られ、安全性の確保に努めていると報道されている。改善の方向に進んでいると見るべきではないだろうか。

ところが、流通の段階で次なる問題が発覚した。原産地偽装の問題である。「国産ウナギ」と称すれば、国民が安心して食べるということに目をつけ、本来、中国産のウナギを国内産と称して販売する違法行為が報道されるようになった。このような商法がまかり通れば、日本国内では禁止されている薬剤が使用され、それが残留したままのウナギが食卓にのぼることだってありえる。

２００９年に「農林物資の規格化及び品質表示の適正化に関する法律（ＪＡＳ法）」の一部が改正され、原産地表示で虚偽の表示をした場合には2年以下の懲役または２００万円以下の罰金、法人では1億円以下の罰金が処せられるという罰則規定が設けられたばかりである。それにもかかわらず、法の目をかいくぐって中国産ウナギを日本のウナギ養殖場に持ち込み、あたかも国産で養殖されたウナギとして販売するケースも見られるようになってきている。

第4章で詳述される人工的に種苗生産されたシラスウナギが養殖用種苗として使える日が来れば、飼育履歴も全てが明白で、真に安全なウナギが食卓にのぼることとなる。その日が来るのが待ち遠しいが、それまでは養殖生産者や加工業者などは、徹底した安全性への配慮と確認を行う必要があるとともに、消費者にとっても油断できない状況がつづくのかもしれない。

2　ウナギの養殖

ウナギの陸上生活

昔から陸上でのウナギの大脱走は有名である。ウナギは鰓《えら》のほかに皮膚でも呼吸ができるので、身体と周辺環境が湿っていれば、陸上でも生きられる。ウナギの体表に分泌される粘液中のムチンと呼ばれる糖タンパクは、保水力が高いのが特徴である。この粘液に蓄えた水分によって、ウナギは丸一日くらいは平気で陸上でも生きていられるといわれている。このため、雨の日には今まで住んでいた池などを脱走し、他の離れた水場へ移動したり路上に出現したりして、人々を驚かせることがある。

ウナギは水平方向だけでなく、垂直方向にも移動する。登るという能力においては、ウナギは魚の中でも飛び抜けている。多くの魚は流れに沿って上流へと向かうだけである。川などで途中に滝があれば、多くの魚はそれ以上登ることができない。しかし、ウナギは滝を登ることもできるのだ。切り立った壁でも、濡れていれば、まるでヘビのように身体をSの字状にくねらせて群れをなして這い上がる。この様子は、自然界でも時々目撃されることがある。

陸上での大移動の例として、国内では栃木県日光市の中禅寺湖《ちゅうぜんじこ》に生息するウナギは、落差97mの華厳《けごん》の滝を登ってきたと推測されている。また、世界では北アメリカの五大湖の一つであるエリー湖に生息するウナギは、高さ54mのナイアガラの滝を登って湖に達したという事例もある。ウナギのこういった垂直方向に登る行動は、「うなぎのぼり」という比喩の語源となっている。

しかし近年、河川にダムや堰堤の建設が進み、このようなウナギの垂直的な移動も含めた遡上を妨げる原因となっている。そのため、効率よく確実にウナギを遡上させられるよう、ウナギ梯子《はしご》（eel ladder）と呼ばれる特殊な魚道《ぎょどう》が建設されるようになってきた。こういった魚道がなくなれば、ウナギの生息場所の減少や、資源枯渇に直結するのも時間の問題となるかもしれない。

ウナギ養殖の歴史

ウナギの養殖は、東京深川の大きな養殖池を使い、1879（明治12）年に服部倉次郎《はっとりくらじろう》が始めたのが最初とされている。意外な場所だと考えられるが、深川のウナギは江戸の人々に人気があったことも関係していたのであろう。

その後、1892（明治25）年に原田仙右衛門が静岡県浜名郡新居町《あらいちょう》（現在は湖西市《こさいし》に編入合併）で、1896（明治29）年に寺田彦太郎《てらだひこたろう》が三重県桑名地方で始めている。そのころの養殖に使う種苗はシラスウナギではなく、天然の小さなウナギを2万㎡以上の大きな池に入れて養殖していたが、天然の小さなウナギを量的にたくさん集めることは難しかった。そこで、シラスウナギが注目され、1920（大正9）年に愛知県がシラスウナギを種苗とする養殖の基礎を築いた。

1965（昭和40）年ごろまで、養成池は1000〜3000㎡と広く、水温は自然の状態であった。池は簡単に掘った露地池や、池のまわりをコンクリート板で囲ったものであった（1・4）。シラスウナギは元池《もといけ》と呼ばれる小さな池に入れて、イトミミズで餌付けする方法がとられていた。餌付けされたウナギを30日ほど育て、2〜3g（クロコという）になってから養成池に収容し、1年半から2年養成して200g程度で出荷していた。

餌は沿岸で捕れるアジ、サバ、イワシなどの魚を鮮魚のままか、一度煮てから与えていた。水温の上昇につれて、餌となる魚を多く与えると、植物性プランクトンのアオコが発生する。アオコが多く発生し、水の色はソラマメのような青緑色になるのがよいとされ、安定した水づくりがウナギ養殖の成功のカギであった。ところが、動物性プランクトンのワムシ類（主にワムシ。これが後に海産魚の仔魚《しぎょ》の生育に必須の動物プランクトンとなった）が大発生し、水中の溶存酸素量が減少するなど、水の環境が大きく変わり、ウナギ養殖に被害を与えている。このような状況だとウナギは呼吸が難しくなり、顔を水面からあげる鼻あげという現象が増えてくる。鼻あげを防ぐために、水をくみ上げて流すバーチカルポンプや水車が使われていた（1・5）。

このような養殖方法では先に述べたように池から逃げ出すウナギが多く、また飼育中に鰓腎炎、ビブリオ病、ひれ赤《あか》病などと呼ばれるさまざまな病気になることもあり、シラスウナギから出荷サイズ（200g程度）までの歩留まりは悪く、生産性も低かった。

時代は高度経済成長時代に入り、農業でのハウス栽培が広く普及したころから、コンクリート池をビニールシートで覆ったビニールハウス加温式養殖（通称ハウス養鰻《ようまん》）が広まった（1・6）。種苗のシラ

1.4　広い露地養殖用のウナギ池
（出典：『うなぎを増やす』〈廣瀬慶二著、成山堂書店〉より）

1.5　水を下からくみ上げるバーチカルポンプ
（出典：『うなぎを増やす』〈廣瀬慶二著、成山堂書店〉より）

1.6　個人経営の加温式養殖（ハウス養鰻）ビニールハウスの内部。奥に見えているのは水車で、一般的に地下水を使用している

1.7　ウナギ養殖池の中央に設けられている排水口。ハウス養鰻では、水はかけ流しで水深は80cm くらいと浅い

スウナギは、水深が浅く、広さが50～１００㎡の池（元池）に入れる。一般に水は地下水を使用し、さらに重油を利用したボイラーで水温を少しずつ上げて26～30℃にする。

餌付けには専用の配合飼料を使うと10日ほどで餌付けができる。その後、20日間ほど飼育すると2～3ｇに成長し、身体は黒色色素が発達して黒っぽくなる。これをクロコと呼んでいる。次にクロコを１５０～２００㎡の2番池に移して養成する。露地養殖とは異なり水はかけ流しで水深は80㎝くらいと浅

1.8　出荷前の胴鰻に入れられたウナギ（左）と、池に集められたたくさんの胴鰻（右）。一つの胴鰻に、100 尾ほどのウナギが入れられている

く、中央から排水することが多い（1・7）。餌にはウナギ専用の配合飼料を使い、油、ビタミンやミネラルを加えて栄養強化する。餌は1日に2回、体重の2％ほど与える。

2番池での養成中、大きさにバラツキが生じると選別し、大きいウナギを3番池に移すこともある。現在では、年初めにシラスウナギを元池に入れた場合、その年の丑の日までには200gくらいに成長させて出荷している。

5尾の合計が1kgに達するサイズのウナギは、5Pものと呼ばれている。加温式養殖の特徴は、種苗を早期に元池に入れ、水温を高く保ち、養成期間を短くしていることである。また生産性は20〜40kg／m²と高く、昔の露地養殖の10倍にも相当する。当然ながら、加温式養殖では水質管理も行われ、病気の発生も少なく、歩留まりは90％以上と非常に効率も高い。

取り上げられたウナギは、胴鰻《どうまん》と呼ばれるウナギ専用の籠《かご》に入れてから出荷する（1・8）。

3　養殖の種苗に使うシラスウナギ

シラスウナギとは？

ウナギ養殖の種苗に使うシラスウナギとはどんな生き物だろうか。一般にシラスと呼ばれているものは、カタクチイワシやマイワシの仔稚魚《しちぎょ》で、ウナギの子供ではない。

ウナギは日本から2500㎞ほど離れた西マリアナ海嶺西方海域付近で産卵し、北赤道海流に流され、フィリピンのルソン島付近で黒潮に乗り換えて日本にやってくる。黒潮に入るまではレプトセファルスと呼ばれる柳の葉のような形をした稚魚である、少しずつ体形を変えてウナギの形になる。日本にたどり着くころの大きさは50～60㎜、重さは一尾がおよそ0・2g、体色は半透明である。

昼間、シラスウナギは河口付近の岩、小枝や海藻などの陰に隠れているが、夜になると上げ潮に乗って川を上る習性がある。12月から翌年4月の日没後に、日本の河口付近でガス灯や網を持ってシラスウナギを漁獲している様子が見られる。この時期には、日本の歳時記の一つとして新聞記事になることもある。

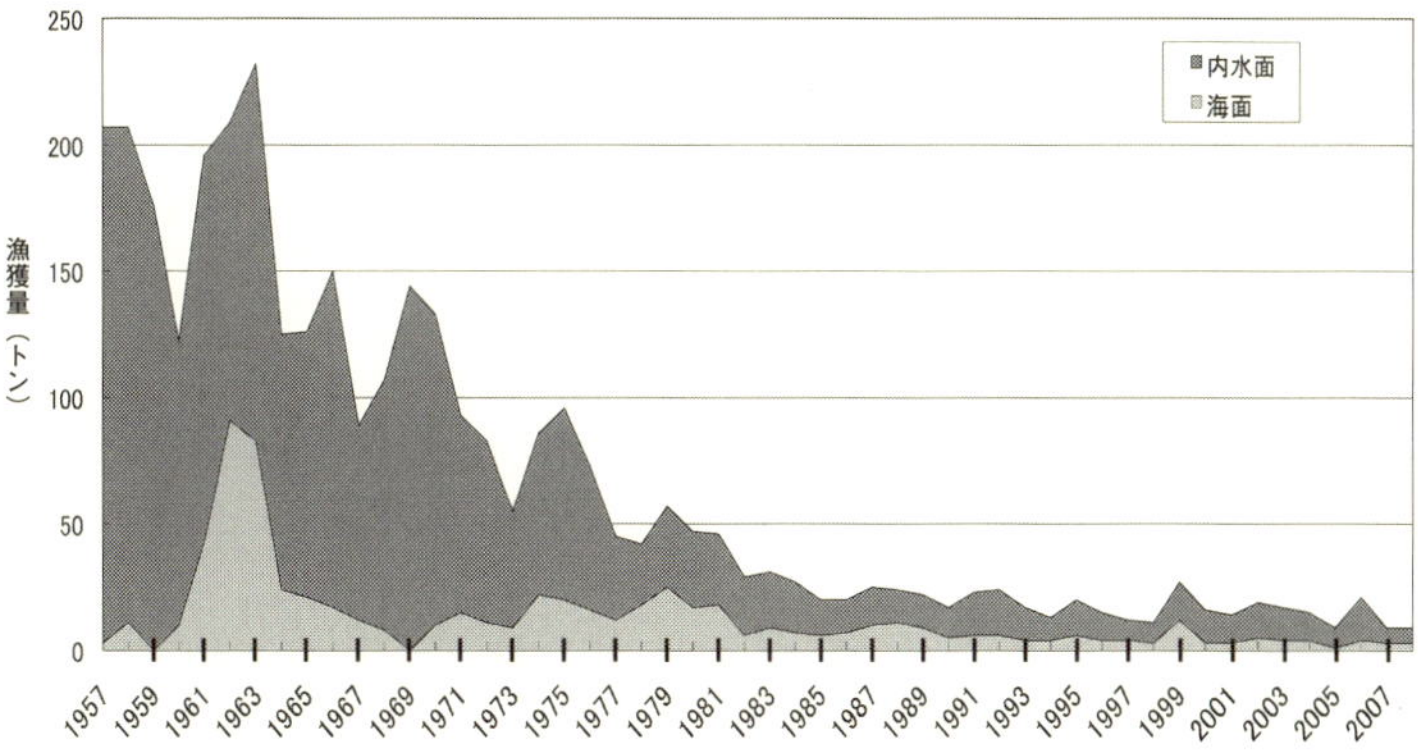

1.9　日本のシラスウナギの漁獲量（農林水産省漁業養殖業生産統計データより、田中秀樹作成）

シラスウナギの漁獲量

日本のシラスウナギ漁獲量の変動を1・9に示す。ここでは、過去50年ほどの漁獲量の様子を表している。1957年から1970年の間はおよそ100から200t捕られている。その後、年々漁獲は減少し、1980年からは50t以下となった。最近では20～30tほどで、漁獲量の減少にともないシラスウナギの値段は高くなり、1997年には1kgが100万円になったこともある。2012年には2011年に続きシラスウナギ漁獲も少なく、10t以下で値段が高騰し、1kgが200万円になったこともある。ちなみに、日本のシラスウナギ1kgを200万円とすると、シラス1尾の重さは0・2g程度なので1kgで5000尾となり、1尾のシラスウナギが400円もすることになる。

シラスウナギ漁獲の減少は、乱獲によるといわれている。1960年代、天然ウナギは2500tも捕れていたが、最近は250tと激減している。天然ウナギが少ないことは秋から産卵場に向かう下りウナギの減少につながる。それが日本に来遊するシラスウナギの減少と関係していると思われる。

シラスウナギの輸入

シラスウナギを河口付近で捕るには、人手と手間がかかる。そこで、日本では外国からウナギの種苗を輸入した時期があった。一番多かったのは、フランスからのヨーロッパウナギのシラスである。1973年には、230tも輸入している。さらにフランスやイギリス以外のそれぞれの国に生息するシラスウナギも量的には少ないが日本に入ってきていた。

その後、1990年代にはフランスからは年間2tほどになり、現在では2007年のワシントン条約の付属書Ⅱ（国同士の取引を制限しないと、将来、絶滅の危険性が高くなる恐れがある生き物）の発効による取引規制から、外国からのヨーロッパウナギのシラスは輸入されていない。しかし、安易に外来種のシラスウナギを日本に輸入したため、各地の川や湖にヨーロッパウナギが生息しているという報告があった。

4　ウナギの消費量

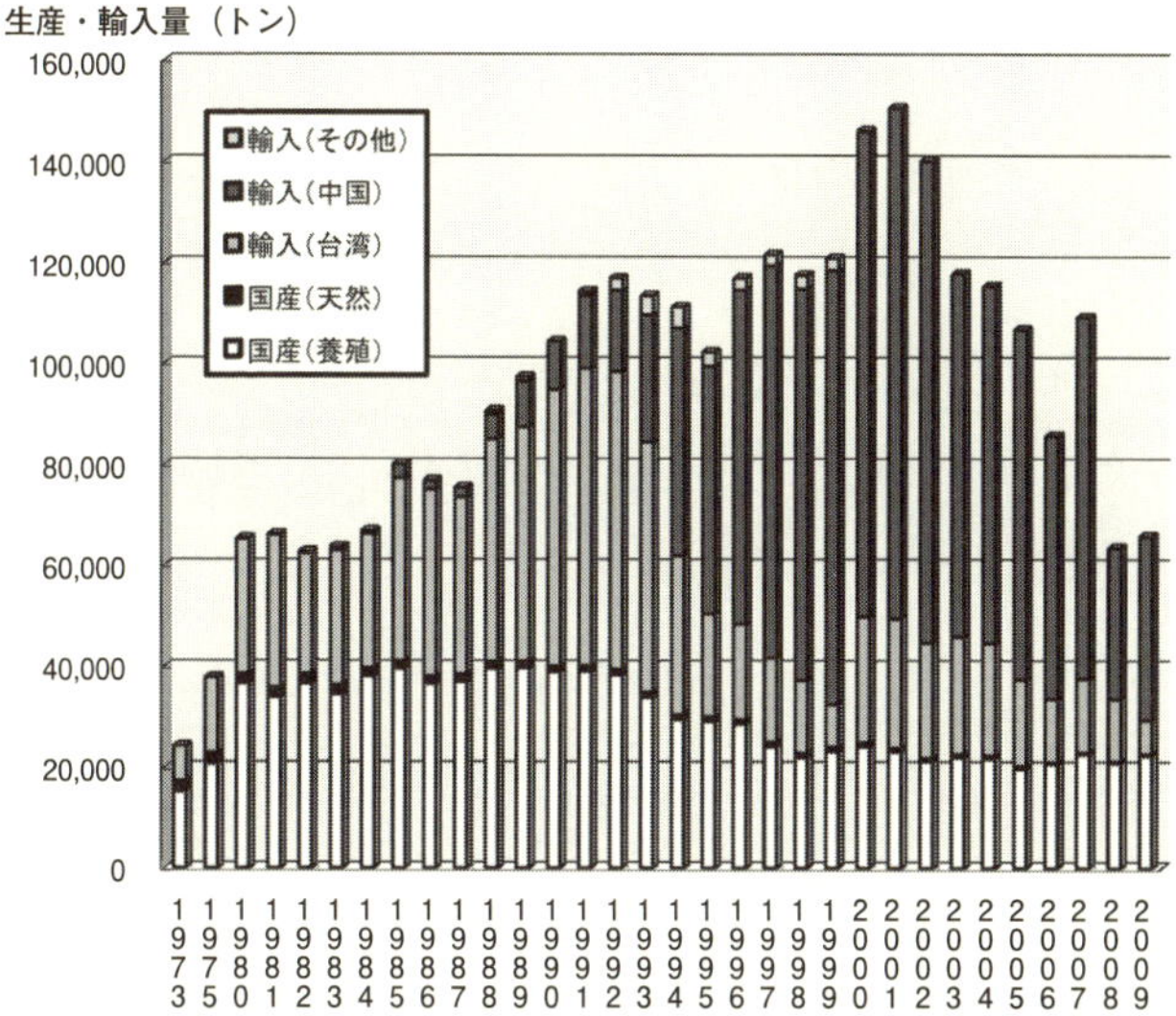

1.10　日本のウナギ消費量の変化（日本養殖新聞、うなぎネット、財務省うなぎ貿易統計、農林水産省漁業養殖業生産統計より田中秀樹作成）

国産ウナギの消費量

本当に日本人はウナギが好きである。1970年代までは国産ウナギの消費量は年間2万tくらいであったが、1980年には4万tに増加している（1・10）。しかし、その後種苗であるシラスウナギの漁獲が減少し、国産ウナギの生産は2万tほどになった。

国産ウナギの人気は高いが、シラスウナギが取れないと蒲焼の値段が高くなる。2004年に全国平均で1kg当たり25万円ほどだった取引価格は、2012年には200~250万円にも高騰している。消費者にとっても頭の痛い話だ。

輸入ウナギの消費量

輸入は、台湾と中国からが大半である。１９８０年ごろより台湾からの輸入が増加し、１９９０年には年間5万ｔを超えている。１９９０年代には中国からの輸入が増え、年間10万トンに達したこともある。２００1年、日本の年間消費量は14万ｔを超えた。国民一人当たりにつき、5尾のウナギを食べたことになる。このころ、日本が中国から輸入していたウナギの種苗は、フランスで捕れたヨーロッパウナギであった。

中国が輸入しているヨーロッパウナギのシラスも、日本のシラスウナギ資源と同じように減少し、大きな社会問題となった。そこで２００７年6月に、ヨーロッパウナギのシラスウナギがワシントン条約の規制対象となり、原産国の許可なく輸出できなくなった。その影響もあり、２００８年からは中国からの輸入は大きく減少している。現在では、外国からの輸入ウナギを含めて、日本の年間総消費量は6万ｔ程度である（1・10）。

5　ウナギ種苗生産研究の夜明け

国内でのウナギ種苗生産開拓者

デンマークの著名な海洋学者ヨハネス・シュミットが、長年ヨーロッパウナギに関する産卵場の調査をした結果、1922年に西大西洋のサルガッソ海が産卵場であることを突き止めた。しかし、ウナギの卵や孵化《ふか》した仔魚がどのようなものかは不明であった。そこで、人為的に成熟卵と精子をつくり人工授精するために、1993年にフランスのボエール教授は、ヒトの生殖腺刺激ホルモンの下りウナギへの投与を始めている。

日本では魚類生殖研究で著名な東京大学の日比谷京《たかし》と北海道大学の山本喜一郎が、ウナギ種苗生産に関する研究の開拓者である。日比谷は佐藤英雄の協力を得て、1960年愛知県渥美半島の伊川津《いかわづ》にあった東京大学水産実験所で大きな下りウナギにホルモン（商品名、シナホリン）を投与し、成熟を促す実験を始めた。実験を開始した年の秋には、精液の採取に成功した。しかし雌の成熟は雄より難しく、完熟卵の採取に成功したのは1966年であった。二人の二人三脚によるこの研究は、その後も長く続いた。

　東京大学でウナギの実験を始めるに当たり、一人の地震学者を忘れることはできない。東京大学水産実験所の隣には、大きなウナギの養魚場があった。著名な随筆家でもある寺田寅彦に師事し、東京大学で地球物理を学んで、地震研究者になった木村　隼《はやぶさ》が、その養魚場を管理していた。木村は戦争で健康を害し、近親者に勧められ、郷里に近いそこで働いていた。日比谷がウナギから卵を採りたいと木村に相談したところ、探究心が旺盛な木村は快く協力し、大きな下りウナギを集めてくれた。二人の出会いがなければ、ウナギの研究は大きく遅れていたに違いない。

　成熟・産卵を促すには、秋から産卵場に向かうと考えられる400g以上の大きな天然下りウナギを使うのが一般的である。なお、雄は雌ほど大きく成長しない。ウナギは川や湖、あるいは海で5年ほど生息すると、9月に摂餌《せつじ》をやめ、体表が黒っぽくなる。身体には脂肪などを蓄積し、長い旅の準備をする。このころから冬にかけてのウナギは栄養たっぷりで一番美味しい季節でもある。長野県岡谷《おかや》市では1月最後の丑の日を「寒の丑の日」とし、ウナギ食文化の普及に努めている。

　北海道大学山本喜一郎のウナギ種苗生産研究にも一つのきっかけがあった、と同教授の著書『ウナギの誕生――人工孵化への道』（北海道大学図書刊行会）に書かれている。それは1966年春の学会の帰りのことであった。郷里の岩手県二戸《にのへ》市にある実家に立ち寄り、実弟と食事をしていたところ、発電所貯水池で秋になると大きなウナギがいるという話が出た。秋の大雨の後に大きなウナギが見られると聞き、ウナギ種苗生産に興味があった山本は、それは産卵のために海に下る下りウナギだろうと考えた。

山本は函館市にある北海道大学水産学部に所属し、研究室の多くのスタッフとウナギの成熟、産卵そして種苗生産研究に務めた。実験には、彼の実家近辺や青森県の小川原《おがわら》湖で集められた下りウナギを使った。

最初はシナホリンというホルモンも使用したが、北海道には秋におびただしい数のシロザケが産卵のために戻ってくることに着目し、帯広や知床まで出かけて、多くのサケの脳下垂体を採取した。脳下垂体には成熟を促す生殖腺刺激ホルモンをはじめさまざまなホルモンが含まれており、いくつかのホルモンの相乗作用もあって、サケの脳下垂体はウナギの成熟促進に大いに効果を発揮した。雌への投与量は、1000gまでのウナギに脳下垂体30㎎（現在では20㎎）を週1回注射する。この方法で脳下垂体を10週間かけて10回程度投与するとウナギは成熟する。雌ウナギに対して、今でも多くの研究機関でこの方法が採用されている。

ウナギの赤ちゃん誕生は突然のニュースであった。1973年12月23日の夜7時のNHKニュースで、「今日は明るいニュースを一つお伝えします。今朝、北海道大学山本喜一郎教授の研究室で、ウナギの赤ちゃんが誕生しました」

と大きく報じられた。これが世界で初めて人の手で育てられたウナギの子供であった。また、山本はその後もウナギの成熟について長く研究を続けた山内皓平《こうへい》（後に北海道大学教授）と一緒に、世界で最も権威のある学術雑誌の一つである『ネイチャー』に成果を発表し、この快挙が広く世界に知られることになった。

山本はその後も精力的にこの研究をつづけ、1976年には孵化後14日間のウナギ仔魚の発育を観察している。当時、研究を進めるに当たり、研究費の工面に奔走したり、自身の病気と戦ったりしながらも、多くの協力者に恵まれたと自著『ウナギの誕生』の最後に書かれている。一方、東京大学の日比谷と佐藤も、雌ウナギにサケの脳下垂体を使って成熟促進を試み、1979年には仔魚の成長を17日間観察している。

東京大学と北海道大学では、孵化仔魚（生まれたばかりの母親由来の卵黄や油球などの栄養を持った段階の前期葉形仔魚をプレレプトセファルス〈1・12を参照〉、この栄養を消化した後のものを後期葉形仔魚レプトセファルスという）にプランクトンのワムシや鶏卵などを与えたが、仔魚の明らかな摂餌は観察できなかった。その結果、ウナギ仔魚の成長は確認できなかった。

ウナギ種苗生産研究における県の役割

ウナギの種苗生産に関する研究は、何も二人の開拓者だけで進められてきたものではない。今から60年ほど前、ウナギ養殖は静岡県、愛知県や千葉県が中心であった。県の試験研究機関の中で、ウナギ養殖場が近くに多い浜名湖弁天島にある静岡県水産試験場浜名湖分場が早くからこの分野の研究に取り組み、東京大学がウナギ種苗生産研究を始めた2年後の1962年には研究を開始していた。その年にはすでに雄の成熟に成功し、1965年には雌から成熟卵を得たことが報告されている。

間もなく千葉県内水面水産試験場（現・千葉県水産総合研究センター内水面水産研究所）と愛知県水産試験場内水面漁業研究所でもウナギの種苗生産研究を開始した。千葉県内水面水産試験場は海から離れている佐倉市にあり、ウナギの研究に必要な海水をかけ流し方式で使うことができないため、海水での循環飼育を行っていた。近くの印旛《いんば》沼や利根川で捕れる大きな下りウナギに、淡水魚のハクレンの脳下垂体をホルモンとして使うことが多かった。

1973年1月には成熟した雄が完熟卵を有する雌に巻きつく産卵行動を観察している。このような産卵行動は、天然のニホンウナギの産卵場であるマリアナ海域の海山付近でも見られるのではないだろうか。

愛知県水産試験場内水面漁業研究所は、県のウナギ産地である一色町にあり、1987年に今まで他の研究機関が取り組まなかったウナギの親魚養成から着手した。中でも天然親魚に頼らず、養殖魚から実験に使う親魚を安定して育てる試験を進め、大きな成果を挙げている（1991年）。養成したウナギは、なぜかほとんどが雄になる。それは養殖している密度が自然の状態と大きく異なり、ストレスが影響しているのではないかという説がある。

ウナギは全長20㎝くらいで、生殖腺の形態に雄と雌との違いができてくる。そこで配合飼料にならしたシラスウナギに女性ステロイドホルモンの一種を餌に混ぜて与えて20㎝まで飼育したところ、そのほとんどを雌に育てることに成功した。

ホルモンで雌化したウナギを2年4カ月ほど飼育すると、親魚としての大きさ500g以上に成長する。配合飼料で大きくしたウナギを成熟実験に使う利点には、餌にビタミンやミネラルなどを加えて、親魚の栄養強化ができることもある。そのためか、雌化したウナギを親魚として使うと、成熟・産卵する割合が高い。養殖研究所（現・水産総合研究センター増養殖研究所）がこの研究を支援したことで、養殖研究所がウナギ種苗生産研究を開始した時には、雌化した親魚を提供をしてもらえた。これが、その後のウナギのレプトセファルス育成、ひいては完全養殖技術の開発に大きく貢献したことはいうまでもない事実であろう。

東京大学がウナギ種苗生産研究を開始して、およそ50年が経過している。この分野の研究初期の主な出来事を表にまとめてみた（1・11）。早い段階で雌の成熟にサケの脳下垂体を用いることで、成熟卵や孵化仔魚を得ることに成功した。しかし、その後の進展には大きな障害が待っていた。一つはホルモンを投与中にウナギ親魚が原因不明の病気で死亡することであった。もう一つはウナギ孵化仔魚に食べさせる適切な餌が見つからず、レプトセファルスまで育てられなかったことであった。

1960年	ウナギ雄の成熟に初めて成功（東京大学）
1961年	ウナギの成熟試験を開始（静岡県水産試験場）
1966年	ウナギ完熟卵の採取に成功（東京大学）
1972年	養殖雄ウナギを成熟実験に使用（北海道大学）
1973年1月	水槽内で雄が成熟した雌に巻きつく産卵行動を観察（千葉県内水面水産試験場）
1973年12月	孵化後14日間の発育を観察（北海道大学）
1979年	孵化後17日間の飼育に成功（東京大学）
1991年	ステロイドホルモンによる雌化した親魚から孵化仔魚の作出に成功（愛知県水産試験場内水面漁業研究所）
1992年	効率的なウナギ排卵促進法を開発し、孵化仔魚が18日間生存（養殖研究所）
1994年2月	孵化後13日目の仔魚がワムシを食べていることを初めて確認（養殖研究所）

1.11　ウナギ種苗生産研究初期の主な成果

6　ウナギプロジェクトへの道

増養殖研究所とは？

水産庁養殖研究所（現・水産総合研究センター増養殖研究所）は、魚介類の増養殖技術の新たな進展を目指した基礎的な研究を進める研究所として、1979年に設立された。この研究所は、最初に三重県玉城《たまき》町昼田《ひるた》の宮川近くに淡水利用の施設（現・増養殖研究所玉城庁舎）が建設され、少し遅れて1984年に三重県南勢町（現・南伊勢町）中津浜浦に海水利用の施設（増養殖研究所南勢庁舎）が完成し、二つの施設で一つの研究所としてスタートした。

当時の研究所には遺伝育種部、繁殖生理部、環境管理部、栄養代謝部および病理部の五つの研究部が組織された。繁殖生理部繁殖技術研究室では、ウナギプロジェクトより以前の1985年に、ウナギの成熟研究を開始していた。大きな成果は見られなかったものの、いくつか気になる知見が得られた。

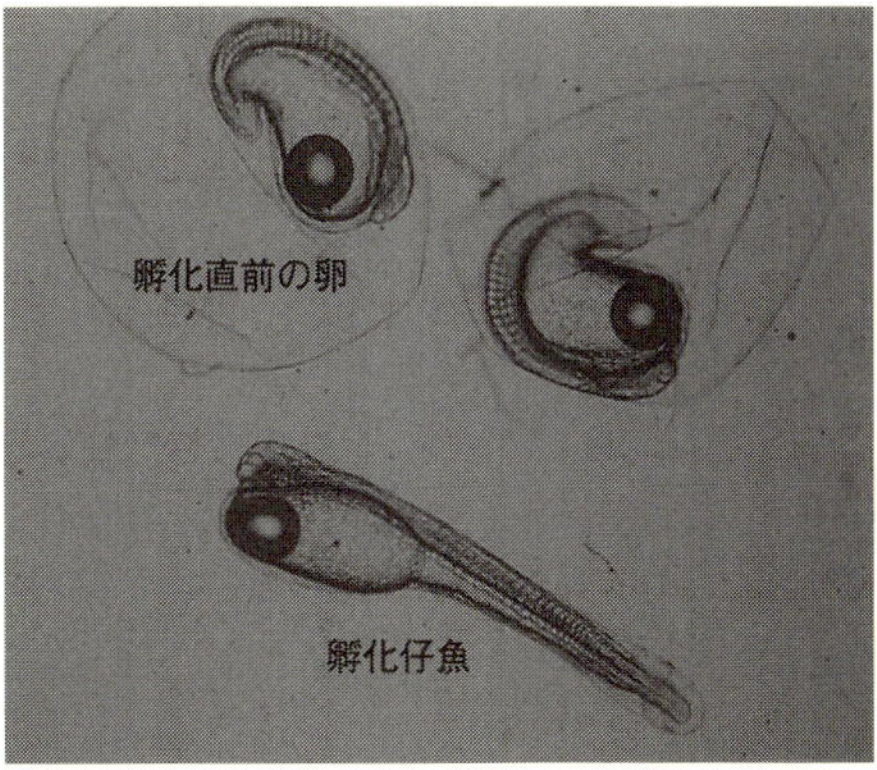

1.12　孵化直前の卵と孵化直後の仔魚（プレレプトセファルス）。孵化仔魚は楕円形の卵黄と球状の油球を持っている（出典：『うなぎを増やす』〈廣瀬慶二著、成山堂書店〉より）

自然産卵に成功！

当時の養殖研究所には、開所当初に東京都日野市にあった淡水区水産研究から実験器具と一緒に、大きなウナギが玉城庁舎に運び込まれていた。その長く飼われていたウナギを使い、最初の成熟・産卵実験が始まった。各研究機関のウナギ種苗生産研究では、下りウナギが完熟する例は非常に少なく、また完熟した透明卵が得られても人の手で授精させる人工授精が多く、水槽の中で自然産卵する例は少なかった。

成熟を促すため、池からの取り上げ、ホルモン（サケの脳下垂体）を注射する前に行う麻酔、そしてホルモン注射はウナギにとっては強いストレスと思われるが、なぜか、長く池で飼われていたウナギには完熟する個体が多く出現した。その結果、自然産卵して孵化仔魚まで得られ（1・12）、孵化後2週間ほど生存する例もあったが、鶏卵などを与えても、仔魚（プレレプトセファルス）が摂餌することは皆無であった。雄の成熟個体は精子の形成や排精が順調に進み、取り上げた時に精液を大量に放出する個体も多く認められた。人の手で長く飼われ、人工的な環境にも馴れたことにより、水槽内でウナギが自然産卵したのだと思われる。

ウナギは多回産卵するのか

サケは子孫をこの世に残すため、生涯に一度産卵して死亡する。しかし、多くのアジ、サバ、イワシ、ブリ、マダイあるいはマグロなどの海産魚は、1シーズンの産卵期に何回も産卵する。これを多回産卵という。

実験中、1尾の雌が排卵した時に卵を絞り出し、雄の精子と混合させる人工授精を試みたことがあった。その時に使用した雌は大変元気だったので、解剖せずにもとの飼育水槽に戻した。その後、その雌は数日で皮膚につやが戻り、およそ3週間で腹部が再び膨れ、しばらくして完熟卵が得られた。これは、ウナギが1シーズンに2度成熟・産卵するということだろうか。今から考えると、初めに完熟した時に卵の絞り出しが不充分だったため、2度目の成熟をもたらしたのではないだろうか。

ウナギはサケのように卵巣内の全ての卵が同時に成熟することはなく、産卵後も卵巣内には初期の卵黄形成中の段階の卵巣卵が残っている。しかし普通の多回産卵魚と比べ、初期の卵黄形成中の卵巣卵やそれ以前の未熟な卵巣卵が非常に少なく、1シーズンに複数回産卵することは難しいと思われる。

雑種はできるのか

日本は以前、フランスやイギリスからヨーロッパウナギのシラスを輸入していた。日本ではウナギ資源保護のため河川にウナギを放流しており、その中にヨーロッパウナギが混入していたのかもしれない。河川や湖に、ヨーロッパウナギが生息しているという報告が一時期あった。また、東シナ海で漁獲されたウナギに、ヨーロッパウナギが見つかった。これは産卵場へ向かうウナギだったのだろうか。

養殖研究所玉城庁舎では、大きなヨーロッパウナギも飼われていたが、いつの間にかニホンウナギと混じってしまった。2種類のウナギを外観で区別するのは難しく、一緒に脳下垂体を投与して成熟を促したことがあった。ほぼ完熟した雌と成熟した雄を産卵用水槽に入れたところ、2日後に産卵した。使った親魚がヨーロッパウナギかニホンウナギかが心配になり、分類の専門家に鑑定をお願いした。その結果は、雌はヨーロッパウナギ、雄はニホンウナギであった。なかば人為的であったが、ウナギの雑種ができた。日本から遠く離れて西マリアナ海域までヨーロッパウナギが容易にたどり着くとは考えにくい。ウナギに限らず他の魚介類や生物についても、外国に生息している種を安易に国内に持ち込むことは避けるべきである。

ウナギプロジェクト

養殖研究所南勢庁舎が完成して間もなく、繁殖生理部に魚類成熟研究チームが加わった。チームには魚類成熟制御、卵成熟、精子成熟、ホルモン化学および種苗生産を専門とする5人の精鋭が顔をそろえていた（1・13）。農林水産省では応用的な研究を重点的に進めてきたが、1988年から基礎的な大型研究（バイオメディア）に本格的に取り組むこととなった。その研究で何を目的に研究するか、わかりやすい絵入りの原案を研究者から募集することとなり、著者は海産養殖魚の成熟・産卵リズムの解明を提示した。その結果、この案が採択され、魚類成熟研究チームは、1988年からマダイの成熟・産卵リズムの解明への取り組みを開始した。

海産魚で最も日本人になじみがあるマダイの成熟・産卵リズムの解明が進んだころに、農林水産省から次にウナギはどうだろうかという話が舞い込んだ。魚類成熟研究チーム5人のうちの4人は、東京大学の日比谷と北海道大学の山本の研究室の卒業生であった。ウナギの種苗生産がいかに難しいかを体験あるいは見聞しており、当研究チームはこの話に二の足を踏むことになった。しかしながら、チーム内の連携・協力のもとで、ウナギ種苗生産研究の閉塞感を突破できる可能性に期待をしながらもメンバーを信頼して、バイオメディアでウナギ研究がスタートすることとなった。

ウナギに関するプロジェクト研究は1994年4月から開始され、最初の研究課題名は「内分泌学的

1.13　養殖研究所の当時の研究チーム。1994年4月より、ウナギに関するプロジェクト研究が始動した。ちなみに、右から香川（第3章）、廣瀬（第1章）、田中（第4章）、太田（第3章）、奥澤の各博士

手法を応用したウナギの催熟」であった。ウナギ種苗生産の難しさを考え、チームはプロジェクトが始まる前年からウナギに馴れるため、今までの成熟促進方法を再検討することとした。いくつかの実験群をつくり、ウナギ1尾当たりの脳下垂体の投与量を調べた。

雌親魚は、愛知県水産試験場内水面漁業研究所でステロイドホルモンにより雌化したものを使うことになった。今までの研究では、親魚が途中で死亡することが多いこともあり、一つの実験群に雌10尾を使うこととし、結果の評価が確実にできるようにした。ちなみに、通常は5尾程度を使う。また、当時は1個体ずつの実験が多かった。

この実験で成熟したウナギから完熟した透明卵が得られ、人工授精し、孵化仔魚も得られた。孵化仔魚に海産魚仔魚の重要な餌である動物性プランクトンのワムシを与えたところ、ワムシを食べたウナギ仔魚が出現した。

前夜からの徹夜実験でチーム全員が眠い目をこすりながら、解剖顕微鏡で孵化仔魚（プレレプトセファルス）の消化管内にいるワムシの存在を確認した日のことは、まるで昨日のことのように思い出される。その時、これでウナギ種苗生産研究は確実に前進すると確信した。しかし、現実はそう甘いものではなかった。本書の後半に詳述されるように、全長が50㎜を超えるレプトセファルスに成長し、シラスウナギへの変態に成功するまでには数えきれないほどの困難が待ち構えていたのだ。

第 2 章

ウナギの産卵場を求めて

塚本勝巳

ウナギは不思議な生態を持つといわれるが、数ある謎の中でもとびきりの謎が産卵場の問題だ。人びとはウナギがどこで生まれるのか、長い間不思議に思ってきた。泥の中から自然発生するという説や、山芋がウナギに変わるという話は有名だ。研究が進んだ今でも、ウナギは浜名湖で生まれると思っている人さえいる。それほどにウナギの産卵場の謎は深く、未解明であると一般には思われている。

しかし近年、太平洋のニホンウナギの産卵場問題は、大きな展開を見せた。世界で初めてウナギの親魚が捕獲されたのだ。さらには天然のウナギ卵が採集され、個々の産卵地点を精度よく識別できるまでになった。古代ギリシャのアリストテレスの時代から数えて２４００年、ついにウナギ産卵場の謎は解明された。１９３０年代、太平洋のウナギ産卵場調査が始まって、ここまで到達するのにおよそ80年かかった。ウナギ産卵場調査の歴史を振り返り、最近の産卵場研究の進展を見てみよう。

なお本稿で、ウナギとはウナギ属魚類全般を指し、東アジアに生息して我々になじみ深い *Anguilla japonica* には、ニホンウナギを用いる。また、船によって研究員や調査員の代表者のことを「主席研究員」、「首席調査員」などとさまざまに呼ぶ。ここでは、それぞれの船の慣例にしたがった。

1　産卵場の謎

ウナギの生活史

さて、ウナギの生活史から始めよう。

ウナギは海で生まれる。卵から孵化した前期仔魚はプレレプトセファルスと呼ばれる（2・1）。卵黄を吸収して外界の餌を食べ始めると後期仔魚期に入り、レプトセファルスになる。プレレプトセファルスとレプトセファルスを合わせて仔魚と呼ぶ。

ウナギのレプトセファルスは、眼以外には色素がなく、完全に透明で柳の葉状の形態をしている。レプトセファルスは成長しながら海流によって沿岸に向かって輸送される。全長が60㎜前後の最大伸長期に達したレプトセファルスは、変態を始める。この間、餌は食べない。変態後の稚魚は、透明なシラスウナギと呼ばれる。シラスウナギは河口域にやってきて着底する。産卵場で孵化してから河口に到達するまで約半年かかる。着底後、摂餌を再開したウナギは、急速に色素が発現し、シラスウナギからクロコとなる。

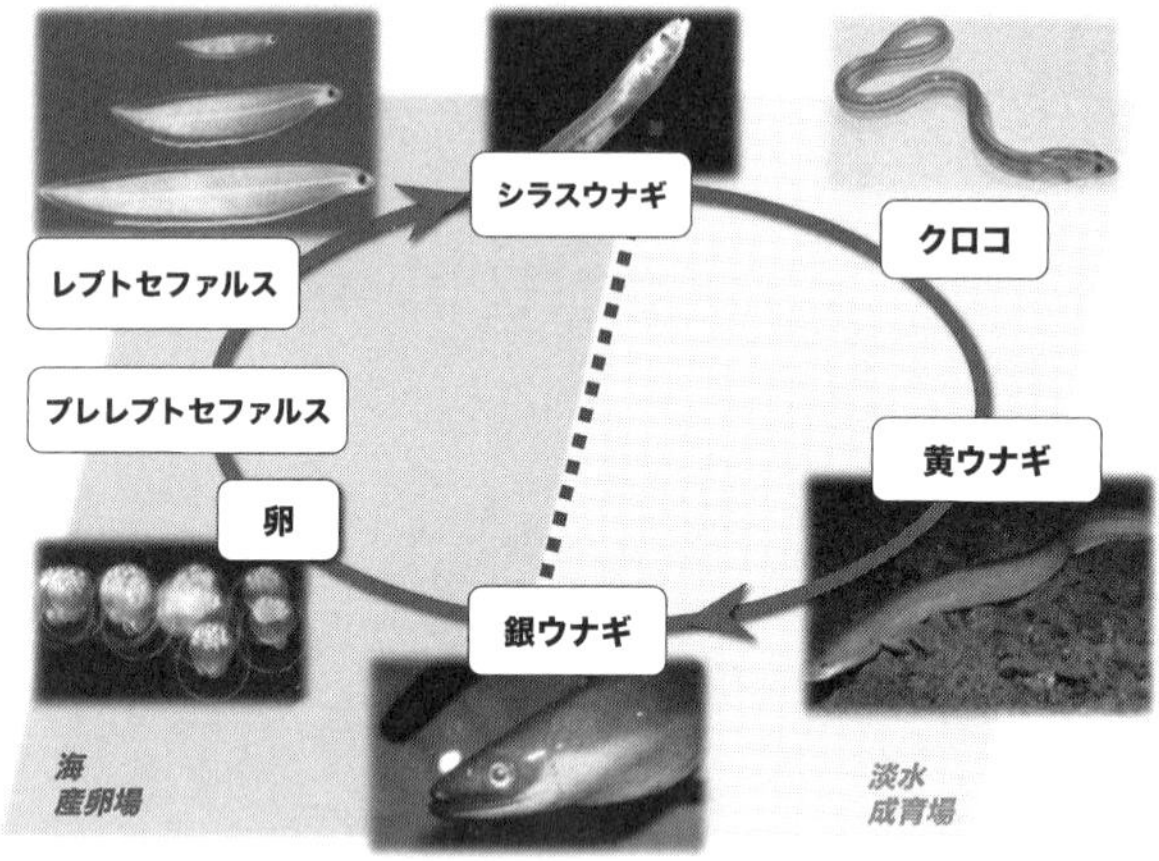

2.1　海と川にまたがるウナギの生活史

クロコは川を遡上し、やがて定着生活を始める。この時期のウナギは黄ウナギと呼ばれ、背はオリーブグリーン、腹は黄味がかった白色だ。ただし、体色の変異は大きい。黄ウナギとして河川や池で成長する。雄が数年、雌が10年前後、淡水域で成長した後、秋口から銀化《ぎんけ》と呼ばれる変態が始まる。身体は全体に黒ずみ、皮膚にグアニンが沈着して、金属光沢を放つ。この段階は銀ウナギと呼ばれる。

わずかに成熟が始まった銀ウナギは、秋から初冬に河川の増水とともに川を下り、海へ出る。外洋の産卵場に帰りついた銀ウナギは、産卵して一生を終える。河口から産卵場にいたる産卵回遊過程の詳細はまだ明らかではないが、産卵期のピークはニホンウナギの場合夏なので、回遊に要する期間はおよそ半年と考えられている。

以上が簡単なウナギ生活史の説明であるが、実際には大きな変異や個体差がある。中でも河川遡上しない「海ウナギ」や、定着後に生息域を変える個体も発見されており、その生活史は複雑である。ここでは典型的な生活史パターンと各発育段階の呼び名を紹介した。

レプトセファルスの謎

産卵場の謎と並んで不思議なのは、ウナギが幼生期に「レプトセファルス（*Leptocephalus*）」という形の仔魚（葉形幼生）となることだ。このレプトセファルスとは、柳の葉のように偏平な身体をした透明な仔魚の総称だ。ウナギ目、カライワシ目、ソコギス目、フウセンウナギ目の魚が、仔魚期にレプトセファルス幼生になる。*Leptocephalus* を「レプトケファルス」や「レプトケパルス」と呼ぶ人もいる。そもそも学名はラテン語であるので、どのように読んでもよいのだが、我々は英語読みにして「レプトセファルス」と呼ぶことにしている。科学の世界でも英語が国際語であり、英語読みが最も一般的であるからだ。

「レプトセファルス」という名前は、１７８９年ウェールズの北岸で採集されたアナゴの仲間の仔魚が新種の魚と思われて、*Leptocephalus morrisii* と命名されたことに始まる。*Leptocephalus* とは「小さい頭」という意味である。事実、身体の大きさに対し、頭部は著しく小さい。しかしその当時、レプトセファルスがウナギの仲間の幼期の姿であるとは、誰も夢にも思わなかった。

その後、１８９２年にはイタリアのグラッシィ（Grassi）とカランドルチオ（Calandruccio）がメッシナ海峡で採れたレプトセファルス（*Leptocephalus brevirostris*）がヨーロッパウナギ（*Anguilla vulgaris*）のシラスウナギに変態することを発見し、初めてレプトセファルスの正体がわかった。

レプトセファルスの身体は透明に近く、体側にはV字型かW字型の筋節（myomere）がある。身体は薄い表皮と筋肉におおわれ、その内側はグリコサミノグリカンと呼ばれる粘液多糖類で満たされている。扁平な身体は体表面積を大きくし、水中での摩擦抵抗を増やす。これは水分含量の高い身体と並んでレプトセファルスを海中で沈みにくくし、フワフワ漂うのを助ける。一方で、大きな体表面積はレプトセファルスの未発達な鰓の呼吸機能を助け、皮膚呼吸に役立つ。また身体が透明に近いため、外敵から発見されにくいことはいうまでもない。

レプトセファルスが何を食べているか、長い間議論されてきた。最近では、動物プランクトンの糞粒やオタマボヤのハウスが消化管の中から見つかっている。またアミノ酸の窒素同位体比解析によると、プランクトンの排泄物や死骸（マリンスノー）を食べるデトリタスフィーダーである可能性も指摘されている。

大西洋のウナギ産卵場

20世紀の初頭、デンマークの海洋学者ヨハネス・シュミットは、ウナギの産卵場調査を大西洋で始めた。しかし正確にいうと、前項で述べたようにウナギのレプトセファルスがイタリアのグラッシィとカランドルチオによって地中海で発見されたので、初期の調査はもっぱら地中海で行われた。しかし、得られたレプトセファルスは数十㎜以上のかなり発達の進んだ個体ばかりであった。その結果、シュミットはウナギの産卵場は地中海でなく、大西洋のどこかにあり、そこで生まれてかなり成長したレプトセファルスがジブラルタル海峡を経て地中海に入ってくるものと考えた。

シュミットは北大西洋のあらゆるところでプランクトンネットを曳《ひ》いて、さまざまなサイズのウナギレプトセファルスを採集した。同じサイズクラスのレプトセファルスが採集された地点を括ってみると、同心円状の分布が得られた。そしてその中心のサルガッソ海では、最も小さい10㎜以下の仔魚が採れている。これに基づいてシュミットは、ヨーロッパウナギの産卵場は、帆船時代に船の墓場と恐れられたサルガッソ海にあるものと考えた。アメリカ大陸東岸に棲むアメリカウナギの小型レプトセファルスもサルガッソ海で得られたので、その産卵場も同様にサルガッソ海であるとした。人びとはヨーロッパ大陸から数千㎞も離れたサルガッソ海でウナギが産卵することを知り、仰天したに違いない。しかしシュミットの結論は、理詰めの科学的なやり方であったので、人びとは驚いても認めざるを得なかった。そして、その驚きはやがて賞賛に変わっていった。

世界のウナギ産卵場

世界には19種・亜種のウナギが生息する。そのうち約半数のものについて、計6カ所の産卵場が推定

2.2　世界のウナギの産卵場。図中の○は全長 10mm 以下のレプトまたはプレが採れている海域で、確度の高い推定産卵場。□は 10mm 以上のレプトしか得られていない不確かな産卵場

されている（2・2）。これらの多くはシュミットの世界一周ウナギ産卵場調査によって得られた、レプトセファルスの採集データに基づいている。

まず、北大西洋のサルガッソ海は、ヨーロッパウナギとアメリカウナギの産卵場だ。太平洋のマリアナ諸島西方海域は、ニホンウナギとオオウナギの産卵場である。セレベス海はセレベスウナギとボルネオウナギが産卵すると見られ、フィジー西方海域はオーストラリアウナギ、ニュージーランドオオウナギの産卵場と考えられている。インド洋には2カ所、マダガスカル島東方海域とスマトラ島西方のメンタワイ海溝である。前者ではモザンビカウナギ、バイカラウナギ、オオウナギが、後者ではバイカラウナギが産卵するとされる。

しかし、これらの多くはおおよその推定海域であって、はっきり産卵場と確認されたものは少ない。卵や産卵直前の親が存在する地点ならば、それは間違いなくその種の産卵場と

いえる。しかし全長10㎜以上の発育の進んだレプトセファルスが採れたからといって、ただちにその地点が産卵場であるとはいえない。孵化後かなりの期間、海流に運ばれ、産卵場から遠く離れたところで採集された可能性もあるからである。産卵場であることを示すためには、少なくとも10㎜未満のレプトセファルスの大量採集が必要である。しかし、この条件を満たすものは現在のところ大西洋2種のサルガッソ海と、ニホンウナギとオオウナギのマリアナ沖の産卵場しかない。多くのウナギの産卵場はいまだ謎に包まれている。

2　太平洋の調査

産卵場調査の歴史

シュミットの発見に触発され、太平洋でも東アジアに分布するニホンウナギの産卵場を見つけようという気運が盛り上がった。1973年には、東京大学海洋研究所（現・東京大学大気海洋研究所）の研究船・白鳳丸《はくほうまる》（現・海洋研究開発機構所属）を用いて、全国共同利用の研究者による本格的なウナギ産卵場調査が始まった。

その結果、1973年には台湾東方海域で体長約50㎜の仔魚が52個体、1986年にはフィリピン・ルソン島東方海域で約40㎜の仔魚が21個体採集された（2・3）。その後、さらに東の海域で、鹿児島大学の敬天丸《けいてんまる》（首席、小澤貴和）が20～30㎜前後の仔魚を1988年と1990年に、それぞれ7個体と21個体採集した。

1991年には、白鳳丸がマリアナ諸島西方海域で10㎜前後の仔魚を約1000個体採集した。これによって、ニホンウナギの産卵場はマリアナ諸島西方海域とほぼ特定された。ニホンウナギの推定産卵

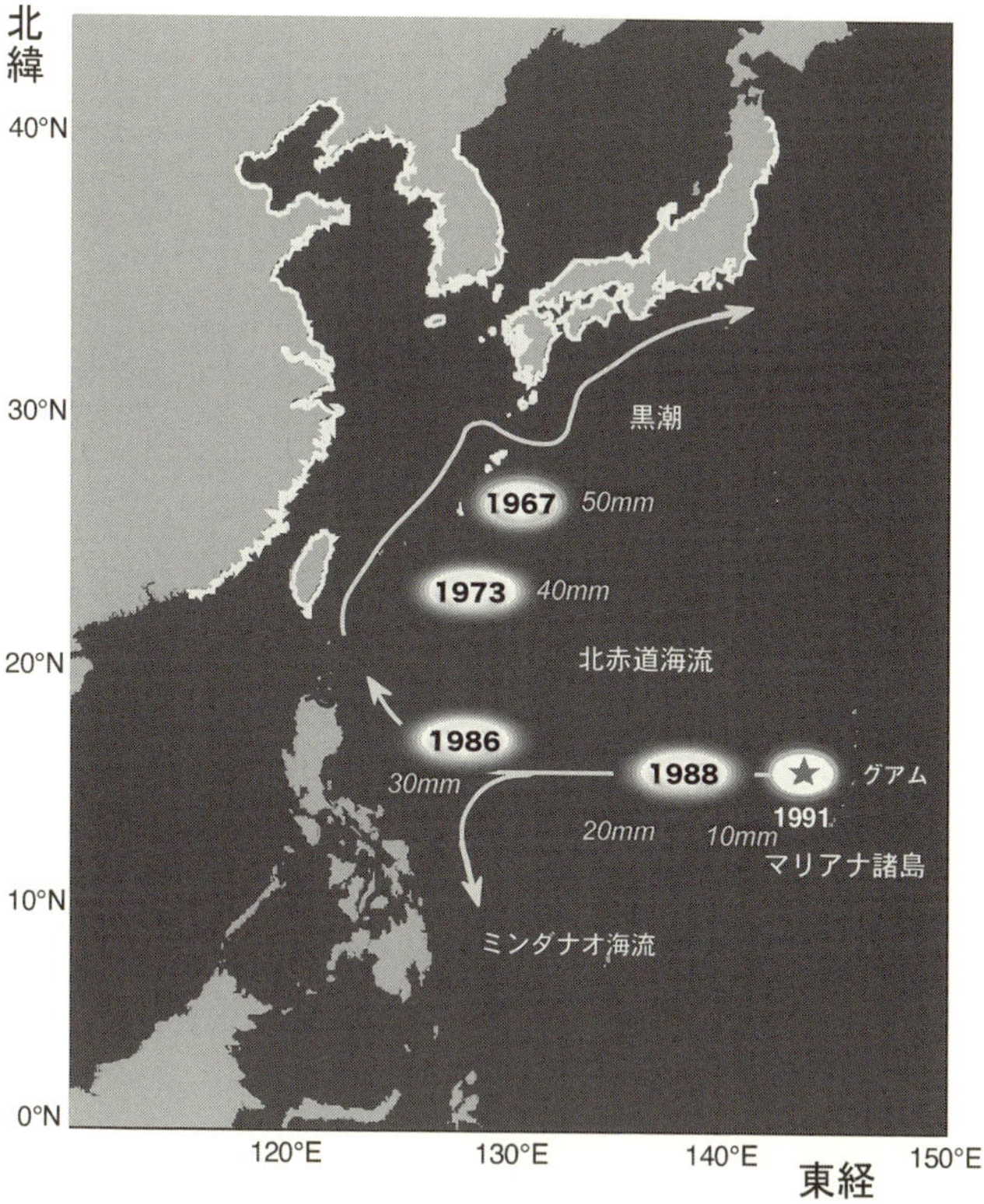

2.3　太平洋のウナギ産卵場調査の歴史。楕円と数字は、当時の推定産卵場の位置と航海の行われた年。横の数字は採集されたレプトのおおよその全長(mm)。沿岸部の太線はニホンウナギの主要な分布域

場の歴史的推移を見ると、仔魚の輸送経路を遡っていくことで、最終的に産卵場に到達したといえる。推定産卵場は、まず黒潮流域の沖縄南方海域と考えられ、次に台湾東方海域からフィリピン・ルソン島東方海域へ南下していき、さらには北赤道海流を遡行・東進して、マリアナ諸島西方海域に達した。これにともない、採集されるレプトセファルスのサイズは徐々に小さくなっていった（2・3）。すなわち、ウナギの産卵場調査の歴史は、広大な海の中でより小さいレプトセファルスを求めつづけた歴史なのだ。

ビギナーズラック

1991年の第5回白鳳丸ウナギ航海の主席は筆者が務めた。初めて主席研究員の大役を任されて緊張した。この時の航海では先述の通り10㎜前後の仔魚約1000個体が採集され、大きな成果が挙がった。それは科学論文として英雑誌『ネイチャー』に発表された。九州大学の望岡典隆《もちおかのりたか》と木村清朗《せいろう》が撮影したレプトセファルスの写真は『ネイチャー』誌の表紙を飾り、論文はカバーストーリーとなった。世界の研究者仲間からお祝いのファクスが来た。教授会の席で先輩教授が握手を求めてくれた。しかし中には、

「ビギナーズラックに過ぎない」

「船さえあれば誰にでもできる」

2.4　学術研究船「白鳳丸」(3991トン、海洋研究開発機構)。高性能の観測機器を多数搭載し、16ノットの高速で広い範囲を調査して回ることができる

という厳しい評価もあった。確かにビギナーズラックであることには違いない。１９８９年竣工の最新鋭の海洋研究船・白鳳丸を使うことができたのだ（2・4）。高性能の観測機器を多数搭載し、16ノットの高速で広い範囲を調査して回ることができる船である。成果の出ない方が不思議だ。

しかし振り返ると、この航海がうまくいった理由は、このほかにもあったように思う。一つは、本格的なグリッドサーベイを初めて広い海域に取り入れ、ポジティブデータとともにネガティブデータをもあわせてとろうとした点である。グリッドサーベイとは、調査対象海域を格子状に区切り、レプトセファルスが採集できるか（ポジティブ）できないか（ネガティブ）を、全ての交点でまんべんなく確認して回る調査法である。それまでは、ともすればポジティブデータをとることに偏重し、ネガティブデータにはあまり注意が払われなかった。しかしこの時は、きちんとネガティブを広い範囲でとるつもりで調査測線を決めた。その結果、レプトセファルスが分布している範囲を正確に押さえることができた。ネガティブがあるから、ポジティブが活きたのである。

魔法の石

もう一つ理由がある。1991年の航海では、当時の最小記録、全長7・7㎜の個体を含む10㎜前後の小型レプトセファルスが多数採れた。これは航海時期に夏を選んだことで得られた結果だ。それまでのウナギ産卵場調査は、もっぱら冬を中心に実施されていた。それはおそらく、皆がウナギの産卵期は冬だと信じていたからであろう。川をウナギが下る季節は晩秋だ。親ウナギは1年かけて産卵場へ行き、産卵場で冬生まれたウナギは、また1年かけて回遊し、日本の河口へシラスウナギとしてやってくるものと考えられていた。事実、シラスウナギが河口で採れるのは冬である。ウナギのイメージは、常に冬であった。そんなところから、ウナギの冬産卵説が漠然と信じられていたのだろう。

ウナギの産卵期が夏であることがわかったのは耳石《じせき》の日周輪解析からであった。耳石は、魚の内耳の中にある硬組織だ（2・5）。主に炭酸カルシウムの結晶でできており、聴覚と平衡感覚に関与する。これを取り出し、顕微鏡で観察すると、幅が1ミクロン程度の同心円状の構造が見える。

この輪紋は、1日に1本ずつできることが知られている。つまり木の切り株に見られる年輪のようなものが、耳石には「日輪」として観察できるのだ。この日周輪を中心部から耳石縁辺まで計数すると生まれて何日経った個体かわかる。個体ごとに「日齢」がわかるのだ。

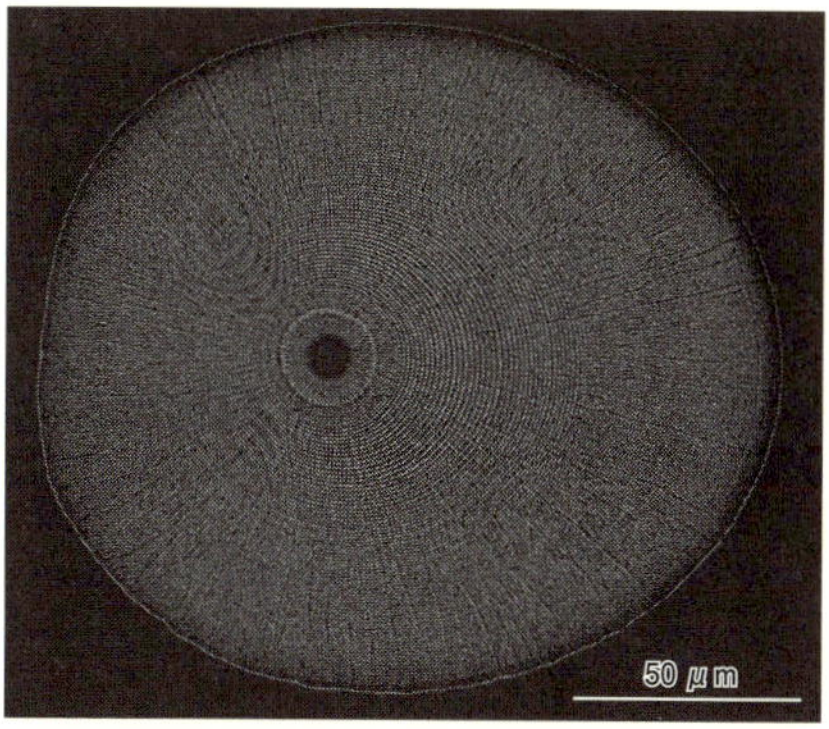

2.5　ウナギ（*Anguilla bornennsis*）の耳石の走査電子顕微鏡写真
（写真提供：黒木真理）

この技術を日本にやってくるシラスウナギに適用してみると、大きな変異はあるがおよそ180本の日周輪が計数できた。これは生まれて6カ月ほど経っていることを示し、産卵場から約半年かけて日本の河口にやってくることを示している。シラスウナギは冬に採れるので、産卵期は夏ということになる。

最初、半信半疑でこの結果を学会発表した。多くの反論や質問があったが、思い切って白鳳丸の航海時期を6～7月に設定して申請した。後から考えると、これがよかった。卵や孵化直後のプレレプトセファルスは採れなかったが、孵化後1カ月以内の小型レプトセファルスを多数採集することができた。

空白の時

1991年の成功を受けて、1994年にも前回よりやや東の海域で、ほぼ同サイズの小型レプトセファルスを約10

00個体採集した。これで時期と場所さえ間違えなければ、いつでも10㎜前後のレプトセファルスは採集できるという自信はついた。しかし、それからがいけなかった。採れるのはいつも10㎜前後の小型レプトセファルスで、不思議なことにこれより小さいサイズの仔魚は一切採れなかった。産卵場の位置をさらに正確に示す数㎜のプレレプトセファルスや卵あるいは親ウナギは、夢のまた夢であった。

しかし夢と思って手をこまねいていたわけではなかった。1998年にはドイツ・マックスプランク研究所のハンス・フリッケのチームと一緒に、小型潜水艇JAGO（ヤーゴ、二人乗りで400mまで潜水可能）を白鳳丸に積み、産卵場と予想される西マリアナ海嶺の海山域に出かけた。ウナギの産卵特定の海山が何か関係するはずだと考えて、親ウナギを見つけるために、海山域で潜水調査を行ってみようと考えたのである。白鳳丸で初めての潜水艇の投入・回収を安全に行うために、海洋研究開発機構（JAMSTEC）の協力を得て、しんかい6500やしんかい2000のオペレーションで実績のある「よこすか」と「なつしま」に白鳳丸乗組員とともに体験乗船した。当時の防衛庁にも出かけて、JAGO沈没の万一の場合を考え、緊急救助システム（レスキューチェーン）もつくった。準備万端で臨んだ勝負の時であった。しかし、白鳳丸のひと航海をまるまるつぎ込んだにもかかわらず、結局親ウナギの姿を見ることはできなかった。

ニホンウナギの産卵場と予想される北緯14～17度、東経142～143度の海域には、南北に三つの大きな海山が並んでいる。この時は衛星を使って流路を追跡するアルゴスブイの漂流軌跡データに基づいて、最北のパスファインダー海山と真ん中のアラカネ海山に潜水調査を絞った。しかし、航海中放流した別のアルゴスブイのデータより航海後に初めてわかったことは、その時、海山域には北に向かう流れが卓越していたことであった。航海中、パスファインダーやアラカネ海山で採集された10㎜台の小型レプトセファルスは、南のスルガ海山から流されてきた可能性があった。JAGOの潜水も北の2海山でなく、むしろ南のスルガ海山で行うべきだったかもしれないとの反省も生まれた。

白鳳丸航海中に、ホルモン注射で人為催熟した雌の親ウナギをJAGOで連れて潜り、海山斜面において放流したこともあった。そのウナギが天然の産卵集団を見つけ、産卵地点に導いてくれないかと考えての放流追跡であった。250m水深の海山斜面で放したウナギを白鳳丸に搭載したゾディアック(大型エンジンつきゴムボート)で追跡した。

炎天下、外洋の大きなうねりの中で、ウナギにつけた超音波発信器の発するかすかな信号音を集中して聞き取るのは、容易な作業ではなかった。それぞれ決められた担当時間をゾディアックで務め、白鳳丸へ帰還した北海道大学の上田宏らの顔は、疲労の色が濃かった。筆者もゾディアックによる追跡作業に参加した。観測を終えて縄ばしごで白鳳丸の甲板に上がった時には、大きな陸地に帰ってきたような安堵感を覚えた。

さまざまな試み

静岡県水産試験場の調査船・駿河丸《するがまる》も、1997〜2000年の間ウナギ産卵場調査に加わった。100トン強の小型船でマリアナ沖まで出かけていって、長期の調査に従事するのは、乗船研究員のみならず、歴戦の清水定雄船長以下乗組員各位にとっても、並々ならぬ苦労があったはずである。ちなみに今我々がごく普通に呼び慣わしているスルガ海山（Suruga Seamount、正式名称は Suruga Bank）とは、1997年の航海で海山のマッピングに貢献のあったこの駿河丸を記念してつけた名前であり、国際的にも正式に認められた名称である。

駿河丸航海では、親ウナギ捕獲のために考えつくあらゆる方法を試した。産卵場にいる親ウナギが餌をとらないこと、筒などの隠れ家を利用することはおそらくないこと、刺し網にはウナギのようなぬるぬるした長ものはかからないだろうことなど、百も承知だ。それでも万が一を期待して、ウナギ筒、籠、刺し網《あみ》、高速中層トロール（IKMTネット）を使って親ウナギの捕獲を試みた。

しかし、海山域の速い潮と海山の急峻な斜面でアンカーが効かず、漁労作業はなかなかうまくいかなかった。ただ一つ、長細いウミヘビが1個体刺し網にかかったことが印象的で、ウナギの仲間も刺し網で採れることがわかった。船の探照灯で海面を照らし、もしや親ウナギが灯火に誘われて浮上して来ることはないかと探した。幻影だったのだろうか、真っ暗な海面にできた強いライトの楕円の中を、ヌラりと黒い影が通り過ぎたような気がした。

2007年7月には、東京海洋大学の海鷹丸《うみたかまる》（首席、石丸隆）で、各種トロールネットの採集効率について予備的調査を行った。白鳳丸には、親ウナギを本格的に狙う大型漁労設備がないためだ。それでも、白鳳丸においても可能な漁法は全て試した。1989〜1990年の白鳳丸世界一周航海では、大西洋サルガッソ海で親ウナギを狙った延縄《はえなわ》を行った。太平洋では1994年、4000mの深海底にウナギ筒を降ろし、切り離し装置で浮上させて回収した。この時、雌ウナギを誘引するため、雄の精液をスポンジにしみ込ませて冷凍したものを筒の中に入れた。中層の雄ウナギをビデオ撮影しようと、おとりとして卵が外界に漏れないように、プランクトンネットで厳重に囲った籠に人工催熟した雌ウナギを入れ、海中に降ろして天然の雄ウナギを誘引してみた。

白鳳丸の科学魚探に移った魚群を、餌のない釣り鉤《ばり》でひっかけようと何度も試みた（2001〜2007）。駿河丸で見た探照灯の魚影を探して、白鳳丸の舷側《げんそく》にズラリと強力なライトを並べ、親ウナギを待ったこともあった（2002）。巨大な流し3枚刺し網を考案し、これを左右に震動させながらゆっくりと白鳳丸で曳行《えいこう》して親ウナギの捕獲を狙った航海もあった（2009）。海洋研究開発機構（JAMSTEC）の研究船「よこすか」（2001）と「かいよう」（2002）で3海山に出かけ、シービームによる地形調査を行った。またディープトウと呼ばれる曳行式深海ビデオカメラで、海底の親ウナギを探した。果ては、新月近くになるとどこからともなくサメが集まってくることを利用して、もしかしたらウナギの産卵親魚がサメの胃袋から出てきはしないかと、駿河丸と白鳳丸でサメの延縄を仕掛け、サメ採集に精を出したこともあった。

しかし、試みはことごとくうまくいかなかった。

3　二つの仮説

採れない理由

そもそも本格的漁労設備を持たない白鳳丸で、親ウナギを捕ることの難しさはよくわかっていた。しかし、この船はプランクトン調査が得意である。10㎜前後の小型レプトセファルスが大量に採れていて、なぜそれよりわずかに小さい数㎜のプレレプトセファルスが採れないのか、不思議であった。時期も場所も絞り込み、採集努力もこんなにしているのに、卵や生まれたてのプレレプトセファルスがまったく採れないのはなぜか。あまりに長い間成果のない航海がつづいたので、

「ウナギは胎生ではないのか」

「10㎜前後の小型レプトセファルスまで親の腹の中で育ってから、海中に産み出されるのでは？」

などと冗談を言う人も出てきた。

プレレプトセファルスが採れない理由は、高い密度で集中分布していることに尽きる。産卵場で産み出された卵やそれに由来するプレレプトセファルスは、発達をつづけながら、海流によりゆっくりと西

へ運ばれる。その際、最初はごく狭い空間に高密度で分布しているが、次第に広がり、低密度で分布するようになる。したがって、比較的大きいレプトセファルスは、適切な海域で、しかるべき採集努力を払えば少数であっても必ず採れる。しかし、小さいレプトセファルス、すなわち孵化後あまり時間の経っていないレプトセファルスやプレレプトセファルスは、狭い範囲に集中分布するので、ひとたびこれにヒットすれば大量に採れるが、そもそもヒットする確率は極めて低い。

海山仮説

より未発達のウナギを採集しようと思ったら、これまで以上に精度よく産卵地点を予測しなくてはならない。小さいレプトセファルスやプレレプトセファルスは、実際の産卵が起こった場所近くにいるはずである。これまでの産卵場調査で採れたレプトセファルスの採集データを全て1枚の海図に書き込み、その分布を検討した（2・6）。

すると、レプトセファルスが採れた地点は北緯15度前後に集中している。経度方向では、レプトセファルスが採れた最も東の地点は142度で、143度より東では調査をしても1個体も採れていない。この海域は全体にゆっくりと西に流れる北赤道海流の中にあり、また採れたレプトセファルスの身体サイズは東へ行くほど小さくなっている。

ならば、北緯15度前後の、東経142度と143度の間に産卵場はあると考えるのは当然だ。このあ

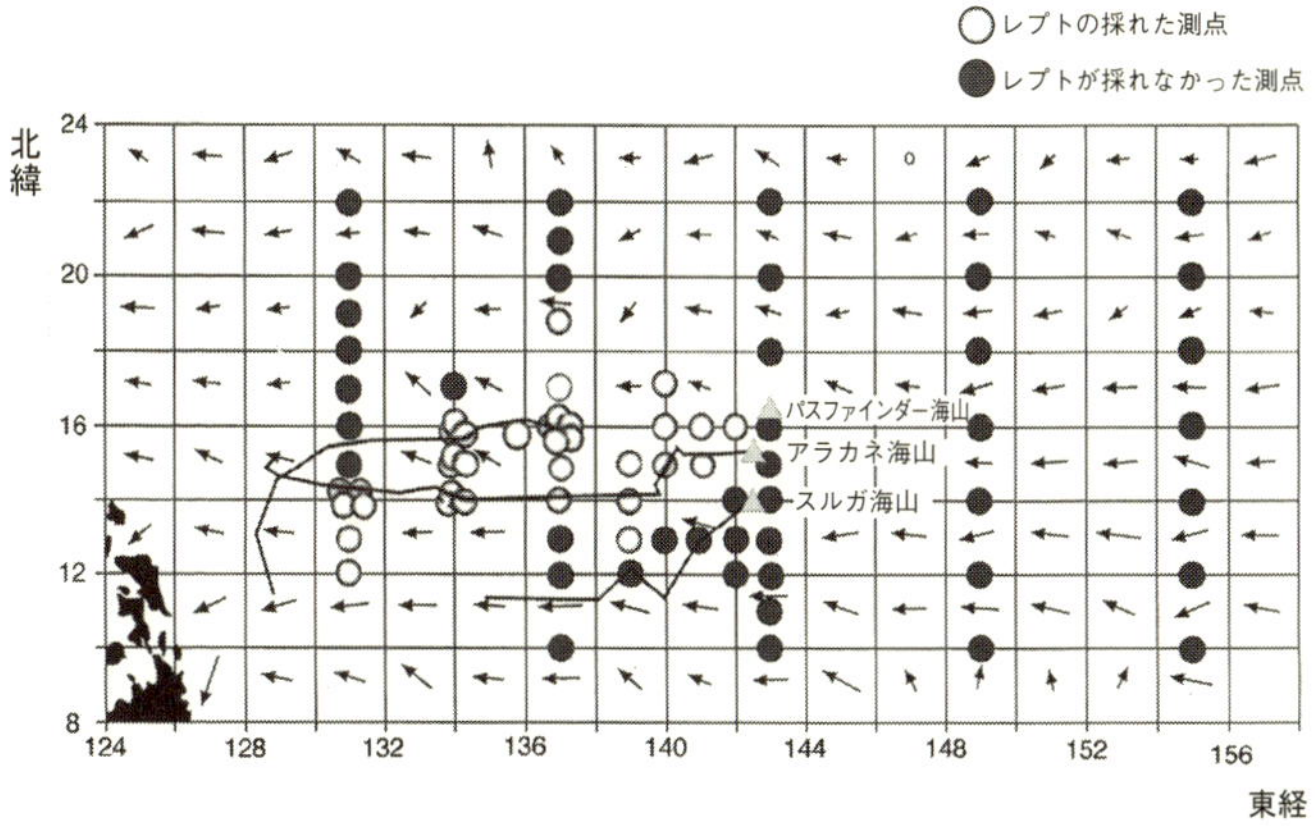

2.6　海山仮説の基礎となったウナギレプトセファルスの採集データ（1991〜1995年）。矢印は海流を表している

たりの海底地形図を詳細に見ると、そこには三つの海山があった（2・7）。南からスルガ、アラカネ、パスファインダー海山である。すなわち、東アジアの川や沿岸からはるばる何千kmも回遊してきたニホンウナギは、この海山域で産卵するのではないかというのがそもそもの海山仮説である。

　では、なぜ海山なのか。海山がウナギの産卵に果たす役割をいろいろと推測した。これらの海山はいずれも水深3000〜4000mの海底から海面下6〜40mの表層まで、海中にそびえ立つ富士山（3776m）クラスの高い山である。そこは東アジアから約3000kmの長旅をしてきたウナギの雌と雄が集合する「約束の地（海域）」である。たとえ雄ウナギと雌ウナギが群れをつくって同時に日本の河口を旅立ったとしても、群れをつくるのが不得手なウナギは、長旅の間に雄も雌もばらばら

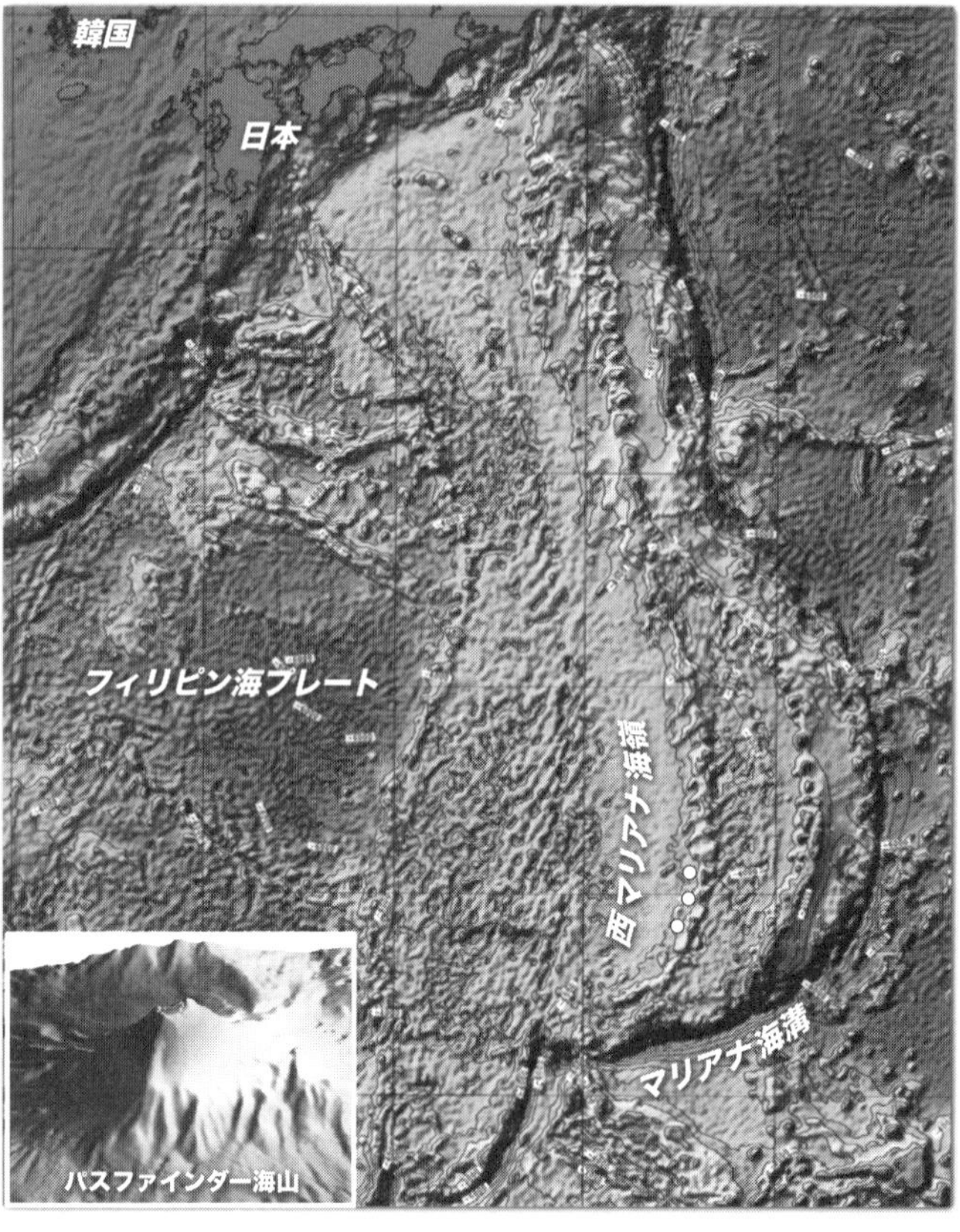

2.7　フィリピン海プレートの海底地形図。西マリアナ海嶺南部に３海山（○）がある。図中左下は、３海山中最北のパスファインダー海山の３Ｄイメージ（提供：東京大学大気海洋研究所・海洋研究開発機構）

にはぐれてしまうに違いない。何の目印もない広大な海の中で、雄と雌が出会うのは至難の業だ。海山はそうしたウナギに正確に出会いが起こるための情報を提供する。磁気異常、重力異常、流れの乱れ、特別な匂いなど、何らかの特異な条件を指標として、親ウナギたちは産卵地点を知るものと思われる。

また、これらの3海山は西マリアナ海嶺と呼ばれる長い海底山脈の一部を構成している（2・7）。この海底山脈はかつて火山であったことから、磁気異常が生じており、高い山脈なので重力異常もあるはずだ。東アジアから南下して産卵場へいたるウナギが、磁気感覚、重力感覚を使ってこれらの海底山脈を感知し、旅の「道標」として使っている可能性もある。そうすれば正確に自分たちの産卵場に帰ってくることができる。さらには、海山の洞穴や岩のわれめは、長旅の後、産卵の日まで安全に休息・待機するための一時的な「休憩所」として使われる可能性だってある。

海山に注目するきっかけとなったのは、白鳳丸のブリッジ（操舵室）での何気ない朝の会話だった。1995年ウナギ航海で東経140度あたりを調査していた時、白鳳丸船長の神野洋一が、

「もっと東に名もない海山がありますよ」

と教えてくれたのだ。海図を見ると確かにある。富士山クラスの高い山が、すっぽりと海に沈んでいるらしい。頂上は水面下40mとなっている。当時、ウナギと海山を結ぶ何の根拠もなかったが、皆なんとなく海山という響きに惹かれ、海山とはどんなものか、とにかく確認に行ってみようということになった。海図の示すとおり、海山はそこにあった。頂上を一往復して帰った。それが今でいうスルガ海山

だった。

新月仮説

海山仮説で産卵場所はかなり絞り込めたが、わずかな期間で終わってしまうウナギの産卵シーンにぴたりと出会うためには、産卵のタイミングも正確に予測しなければならない。

ウナギの産卵期を推定した時には日本にやってくるシラスウナギの耳石を用いたが、孵化後何カ月も経ったシラスウナギでは、産卵期の月単位の推定には使えても、産卵行動がいつ起こるかというタイミングを日単位で推定するのは難しい。そこで我々は、1991年7月に外洋で採集されたレプトセファルスを使うことにした。耳石を取り出し、日齢を推定して、孵化日を求めるのは、シラスウナギによる孵化日解析と同じだ。

結果は驚くべきものだった。7月に採れた全長10～30㎜のレプトセファルスは、はっきり5月生まれと6月生まれの2群に分かれたのだ。しかもこれら2群の孵化日のモードは、おおよそ各月の新月の日に一致したのである。これはウナギが各月の新月に同期して、一斉に産卵していることを示す。ウナギは夏を中心とした約半年間におよぶ長い産卵期を持つが、その間毎日だらだらと産卵しているのではないらしい。また、ある時突然思い立って、いい加減なタイミングで三々五々、産卵行動におよんでいるのでもない。

新月の一斉産卵は、受精率を高め、真っ暗闇の夜は被食を減らして有利といえる。さらに、新月の大潮の速い流れは、受精卵やプレレプトセファルスの拡散を促進し、被食の危険分散ともなる。こうした耳石を用いた孵化日解析は、大西洋のウナギ産卵場調査では用いられておらず、太平洋のニホンウナギの独壇場になっている。おそらく大西洋のウナギも、サルガッソ海で新月に同期して産卵するものと予想しているが、今後の解析が待たれる。

原点回帰と新兵器

上記の2仮説に基づいて調査はつづけられた。1998年にはウナギ卵に形態が酷似した魚卵が3個採集された。卵径が大きく、油球が一つ、色素はなく、卵黄は尾部まで伸びている。ウナギの卵の特徴を全て備えており、すわ、ウナギ卵と船内は色めき立った。卵の発見は新聞報道にもなったが、下船後、遺伝子解析で精査してみると、実はウナギではなく、ウナギ目に属するノコバウナギに近い遺伝子配列を持つ卵であった。海の中には、ウナギの卵にそっくりな卵を産む魚もいるのだ。

親ウナギの採集や観察もダメ、卵やプレレプトセファルスの採集もダメだった。そこで調査法と採集用具を見直してみることにした。原点に立ち返って、再挑戦しようと考えた。

それまで使われていたプランクトンネットはＩＫＭＴネットと呼ばれる、そもそもは高速で中層の稚魚を捕るためにデザインされた、ちょっと特殊なネットだ。網口に潜行板とバーと呼ばれる鉄棒がついていて、スピードが出ると潜行板が働き、吶の原理で網口を大きく広げるような構造になっている。

これまでは、このＩＫＭＴに小型レプトセファルスや卵、プレレプトセファルスも取り漏らさない、０・５㎜の細かい目合いのプランクトンネットをつけたものを使っていた。しかし深い層を曳網している時にちゃんと網口が開いているという保証はない。

そこで、曳網中に網口の閉じることのない、網口に金属の輪状のフレームがついた古典的なリングネットを使い、この問題を解決することにした。網口面積が、いっぱいに開いた状態のＩＫＭＴのそれとほぼ同じになるように、口径を３ｍ、網の長さを12ｍとした。超音波式リアルタイム深度計や、水温水深ロガーも取りつけられるよう新しい工夫もした。基本的構造は従来の口径１・６ｍのＯＲＩネットと同じなので、大型ＯＲＩと名づけ、愛称として「Ｂｉｇ　Ｆｉｓｈ」と呼んだ。大がかりで重いＢｉｇ　Ｆｉｓｈの操作性は、ＩＫＭＴよりやや劣る。しかし、どこをどう曳いても、必ず網は開いているという安心感がある。

もう一つの新しい武器は、リアルタイムＰＣＲだ。最新の遺伝子解析技術を取り込んで、船上でただちにニホンウナギか否かを判定しようというわけだ。揺れる船に繊細な分析機器を積み込むことに最初抵抗があったが、慎重に機種選定をし、試験航海を重ねて実戦配備にこぎ着けた。これが我々のチームで比較的スムーズに実現したのは、研究室に世界中のウナギ全種のＤＮＡがそろっていたからだ。研究室で長年熱帯ウナギの採集に努め、世界中のウナギの標本を集めた成果である。

これらをリファレンスとして、卵、プレレプトセファルス、親などあらゆる発育段階のニホンウナギを1～2時間で正確に同定できるシステムを確立した。これを持たず、航海が終わってからその都度、陸上の実験室で不明なサンプルを解析していたのでは、もう手遅れである。

船上でニホンウナギか否かがわかれば、すぐさま適切な処置がとれる。最初に採れた場所に引き返して鉛直分布を調べることもできるし、水平的な広がりを確かめることもできる。遺伝子解析用の追加試料を採集することもできる。あらゆる面で、限られた航海時間（シップタイム）の有効利用につながるのだ。

4　プレレプトセファルスの採集

ハングリードッグ作戦

２００５年の航海は台風に見舞われた。最初予定した観測グリッドは大幅な変更を余儀なくされた。そこで残されたシップタイムを有効利用し、何とか成果を挙げるべく、新たな観測計画を工夫しなくてはならなくなった。

１９９１年以来得られた全レプトセファルス採集データを見ると、塩分フロントのすぐ南でのレプトセファルスの採集が圧倒的に多い。塩分フロントとは塩分濃度の高い水塊と低い水塊が接する境界のことで、沿岸でいう「潮目」に当たる。通常、ウナギの推定産卵場には、北緯15度の北赤道海流の北縁あたりに東西方向に走る塩分フロントができる。北からやってきた親ウナギは、この塩分フロントを越えると、自分のふるさとに帰り着いたことを知り、産卵にいたるらしい（フロント仮説）。塩分フロントの直南には西向きの強い流れがあり、産み出された卵やプレレプトセファルス、レプトセファルスの輸送に具合がいい。

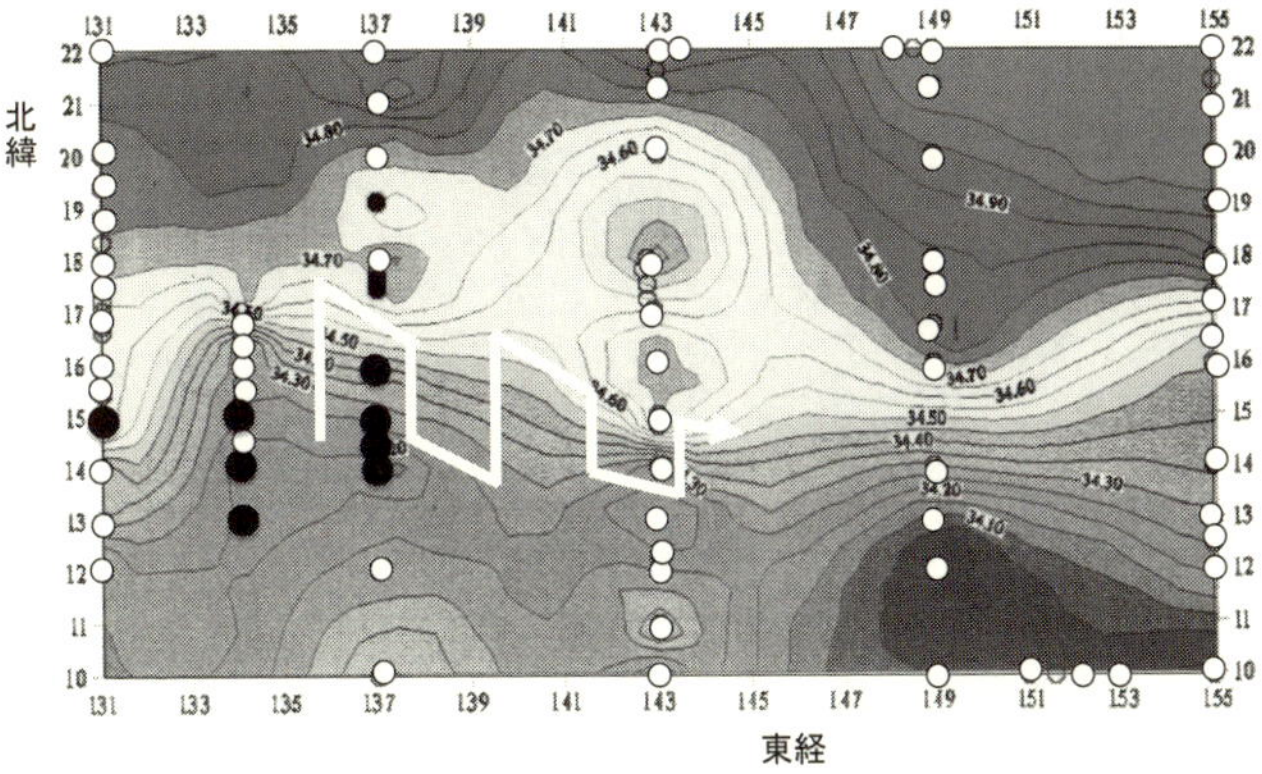

2.8　西部北太平洋の塩分の水平分布（水深50m層、白鳳丸KH−91−4航海）とニホンウナギのレプトセファルス採集結果。図中、コンターが密となった北緯15度前後の帯が塩分フロント。●はレプトが採れた測点、○は同様な調査をしたが採れなかった測点。白線は塩分フロント沿いに西から東へ調査しながら移動するハングリードッグ作戦の航跡概念図

この塩分フロントに着目して、「ハングリードッグ作戦」（腹ぺこイヌ作戦）を考えた（2・8）。東西方向に伸びる塩分フロントを南北に横切る短い測線を経度1度ごとに引き、西の測線から調査をしていった。フロントを越えた後、レプトセファルスが採れた時、あるいは2回つづいて採れない点がつづいた場合には、ただちに東へ進んで次の測線に移った。腹の減った犬が、匂いをかぎながら餌のある位置を探すように、先月生まれの小型レプトセファルスの分布をたよりに、ジグザグに西から東へ北赤道海流を遡る作戦である。

プレレプトセファルスが採れた！

２００５年６月の新月当日、１９９１年の小型レプトセファルスの大量採集以来14年ぶりに、ついにその時はやってきた。西マリアナ海嶺南部のスルガ

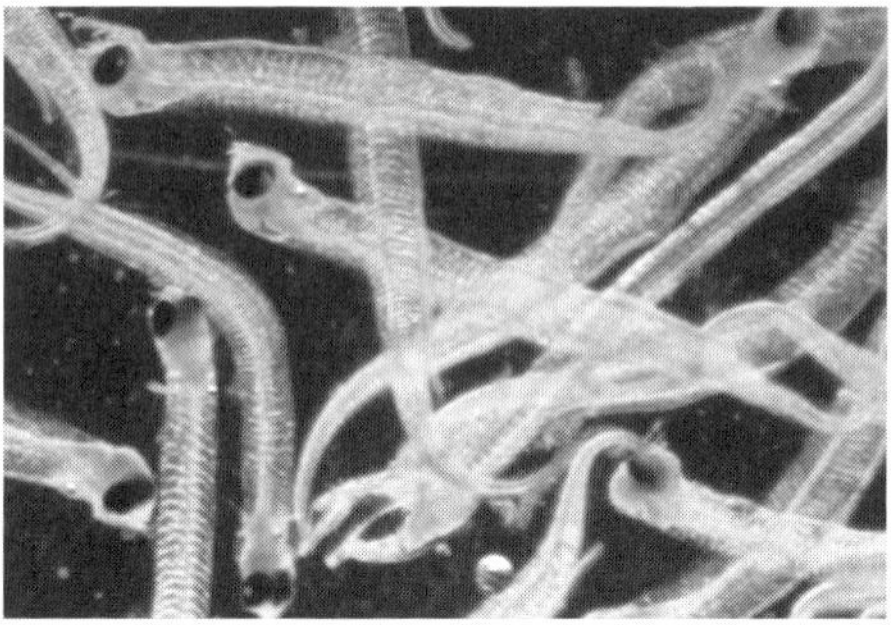

2.9　2005年の白鳳丸航海で採集された、ニホンウナギのプレレプトセファルス。すでに目が黒化し、幼歯も生えている（孵化後約5日齢）

海山西方約１００kmの地点で、これまで見たこともない全長５mm前後のウナギ目仔魚が計１３０尾採集された。ただちに船上で遺伝子解析が行われた。確かにニホンウナギのプレレプトセファルスであった。

耳石の日周輪解析からこれらの仔魚のうち最も若い一群は、孵化後わずか2日目のプレレプトセファルスであることがわかった。したがって、これらは新月の2日前に生まれたものと推定された。これらのプレレプトセファルスの目はまだ黒化しておらず、歯も生えていない。その2〜3日後には孵化後約5日目と考えられるプレレプトセファルスの一群が採れた。こちらの方はすでに目は黒化し、柔らかい犬歯状の歯ができていた（2・9）。先の一群とほぼ同じ海域で採集された、同じ孵化日の一群なので、おそらく同じ産卵群に由来するプレレプトセファルスだろうと考えられた。

実験室におけるウナギの人工孵化のデータから、水温22℃では受精から孵化まで36時間かかることがわかっているので、これらのプレレプトセファルスは新月の約4日前に産卵された卵に由来するものと推察される。現場の西向きの海流を4日間遡ると、ほぼスルガ海山に行き着く。これはウナギの単一の産卵イベントをピンポイントで特定することに成功した初めての事例であり、またこれによって南部西マリアナ海嶺の海山域はニホンウナギの産卵場であることが確定的となった。新月仮説と海山仮説の2仮説は証明された。

経験することの意味

2005年のプレレプトセファルスが採れたことをきっかけに、その後は嘘のようにプレレプトセファルスが採れるようになり、それが当たり前になった。あんなに苦労したのに、不思議でならない。理由を考えると、前述の新兵器を投入したことのほかに、プレレプトセファルスを採ったという経験と自信が大切なように思える。それは、どこに、どれくらいの間隔で観測グリッドを設定するかという、実際的な調査計画の改良に表れ、またソーティングと呼ばれるプランクトンサンプルの選別作業に反映される。航海が替わると乗船研究者も替わり、ソーティングのテーブルにつくメンバーも、大部分が未経験の新人に替わる。それでも白鳳丸がプレレプトセファルスを採ったという経験は伝承・流布し、こうすれば必ず採れるという自信によって、シャーレの中の糸くずのようなプレレプトセファルスも見逃さない。「目ができる」ということであろうか。

プレレプトセファルスと卵の差

2005年にプレレプトセファルスが採れた時、変な話ではあるが、船上で「やっぱりプレレプトセファルスはいたんだね」としみじみ語り合った。当然ながらウナギが胎生であるはずはなく、必ず卵からプレレプトセファルスの段階を通ってレプトセファルスに発育するので、どこかに大量にプレレプトセファルスがいるはずと信じて調査してきた結果の感慨である。同時に、プレレプトセファルス採集の成果をどのように意義づけ、どこに発表しようかということになった。

孵化後2日目のプレレプトセファルスなので、卵との差は2日。2日前に採れていれば卵だったのにと悔やまれた。しかし、わずか2日なので、限りなく卵に近いと考え、産卵場調査の完了として発表しようという意見があった。いや、わずか2日とはいえ、やはり卵を採って最終段階まで到達してから大々的に発表すべきだという意見もあった。

結局、こまめに発表しておく方がよかろうということになり、成果は英誌『ネイチャー』に投稿された。2006年に「Spawning of eels near a seamount」と題して発表されたこの論文の反響は大きく、テレビ、新聞、雑誌に大きく取り上げられた。この時点で、太平洋のウナギ産卵場研究は、大西洋サルガッソ海のそれを大きく凌いだといえる。

5　親ウナギの捕獲

漁業調査船・開洋丸

水産庁と農林技術会議のウナギプロジェクト研究の中から、親ウナギを捕まえてその生理状態を調べてみようという話が持ち上がった。農林技術会議のウナギプロジェクト研究は、全国の大学、水産研究所、水産試験場が集まり、人工種苗生産の技術開発を行うウナギ研究の中心的プロジェクトだ。我々東大のウナギ生態研究チームも、これに参加している。このプロジェクトの中で我々の担当課題は二つある。一つは、白鳳丸を使って仔魚の環境と餌を解明すること、もう一つは、親ウナギの回遊ルートや回遊行動などの回遊生態を、ポップアップタグという浮上式ロガー（記録装置）を使って明らかにすることだ。

水産庁の開洋丸による親魚捕獲作戦は、水産総合研究センター元理事長の川口恭一、同・本部研究推進前部長の和田時夫、それに当時ウナギプロジェクト研究担当チーフコーディネーターの有元操《みさお》らの発案で始まった。無謀とも見えるこの企画は、案の定、最初は難航した。他の水産重要課題も多数抱えた開洋丸を、初めての、しかも海のものとも山のものともわからない親ウナギ捕獲作戦に使おうという話である。しかし、水産庁の担当官の尽力と水産総合研究センター理事会の強力なバックアップによって、ついに親ウナギ調査航海は実現に向かって動き始めた。

有元操は、和田時夫や開洋丸首席調査員予定者の水産総合研究センター・中央水産研究所の張成年《ちょうなりとし》、黒木洋明《くろぎひろあき》とともに、研究打ち合わせのため、東京大学に足を運んだ。開洋丸と白鳳丸の航海時期を合わせ、まずは2008年の6月の新月期を2船で狙うことになった。

開洋丸はトロールで親ウナギを、白鳳丸は大型プランクトンネットで卵やプレレプトセファルスを狙い、船上で得たリアルタイムの海洋環境データを洋上で交換することになった。それまでウナギ航海といえば、ほとんどの場合が白鳳丸1船のみの単独航海であったので、2船がランデブーして調査に当たることができるのは、心強い限りであった。開洋丸の第1回調査の首席研究員は、張成年である。誰もが捕れるはずがないだろうと思ったに違いない。そんな前評判のかんばしくない航海の首席を引き受けた張成年の決断と勇気には、大いに敬意を払うべきである。

出港

2008年5月21日に晴海を出港した白鳳丸は、前日に出港した開洋丸を追い、一路南へ向かった。白鳳丸は予備調査として、140度ラインを北緯18度から12度まで、30分おきに大型プランクトンネットによるレプトセファルスの分布調査とＣＴＤ（水温と塩分の鉛直プロファイルを知るための観測機器）による環境測定をしながら南下した（2・10）。しかし、この年は塩分が急激に変化するいわゆる塩分フロントらしい海洋構造はまったく見当たらなかった。５月生まれのレプトセファルスの採集数も少なく、推定産卵場の中でもどこに焦点を絞っていいか、判断材料に乏しかった。

結局13度と13・５度で採集された計10個体をたよりに、最南のスルガ海山に的を絞ることにした。スルガ海山は、２００５年と２００７年にプレレプトセファルスの採集で実績のあった場所である。まず海山頂上から東西南北に10マイル（約19㎞）ずつ離した点を通る方形の測線を書き、スルガ包囲網とした。白鳳丸は新月の８日前（５月27日）から黙々と包囲網の四角形上を曳網して回ることになった。

開洋丸の張首席から白鳳丸に電話がかかってきた。白鳳丸のスルガ包囲網の内側に入って曳網していいかとの問い合わせであった。もちろんのこと、否はない。28日より、スルガ海山からおよそ５マイル離して、開洋丸のトロール調査が始まった。しかし、トロール調査をくり返しても一向成果がなかった。６月１日の未明に、スルガ海山南東の小さな海山頂上に出現した大きな群を、魚群探知機で捉えた。この魚群は夜明け前に水深３５０ｍの海山頂上から２５０ｍ水深まで一斉に浮上し、10数分後の日の出時には一気に沈んでしまうという、極めて特異な行動を示した。この大魚群こそ１９９８年に白鳳丸で観察された「怪しい雲」（新月近くの２日間、午後いっぱいにわたってアラカネ海山とパスファインダー海山付近の水深２５０ｍ前後の一定水深で観察された、ウナギの産卵集団とおぼしき魚探像）に

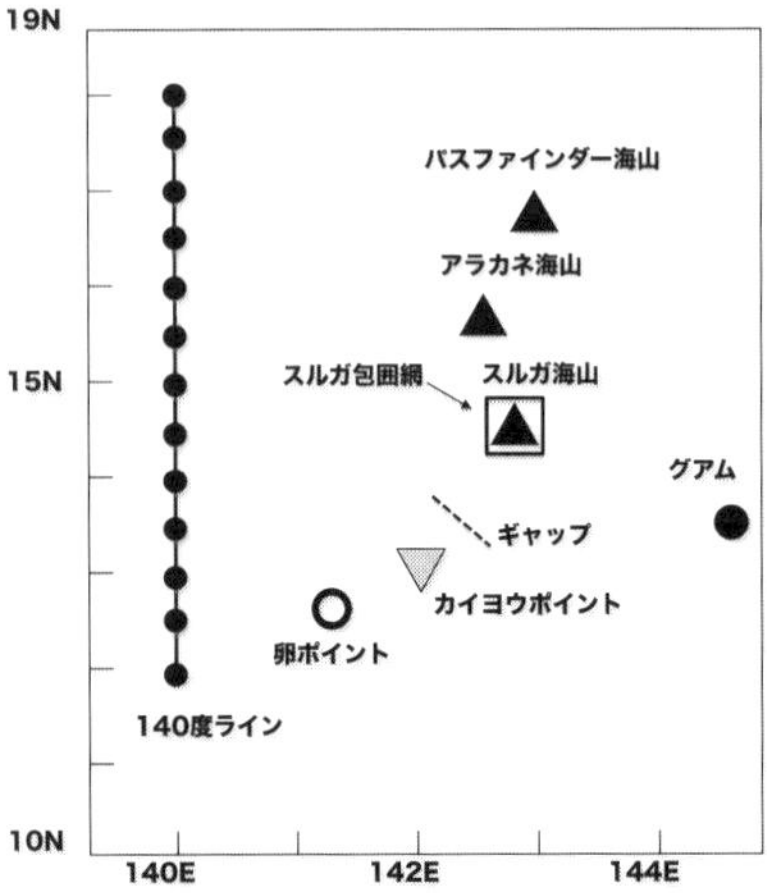

2.10　マリアナ諸島沖のウナギ産卵場海域における主な目標点の位置関係。
2008年航海のスルガ包囲網も示されている

違いないと思った張たちは、トロールで魚群の捕獲を試みた。開洋丸乗組員の確かな漁獲技術は、見事、海山直上の魚群を捕らえた。しかし、それはウナギならぬ体長10数cmのヤセムツ科の小魚の大群であった。

海山付近で見られた「怪しい雲」の信憑性に失望した張たちは、6月4日の新月を待たず、早々とスルガ海山をあきらめて南へ向かった。このあたりのいきさつは、張が日本水産学会誌「話題」欄に書いた「産卵海域で成熟ウナギの捕獲に成功！」という航海報告に詳しい。開洋丸はスルガを捨て、海嶺のギャップを越えて、北緯13度、東経142度の地点を目指した（2・10）。その地点は、もし白鳳丸が卵をスルガ包囲網で発見した時にもただちに戻れる距離であり、開洋丸が調査許可をとってある海域の中で、最大限南下できる点であった。

親ウナギ捕獲！

6月4日の午前3時ごろであったろうか、白鳳丸に人工衛星インマルサットを通じて電話がかかってきた。開洋丸の張からだ。

「親ウナギが捕れました。スルガ海山よりずっと南ですよ」

電話が終わった後、長年の夢であった親ウナギがついに捕れたかという感慨と同時に、そんな南で、という驚きを覚えた。その親ウナギははたして実際の産卵に加わった個体なのか。道に迷って南に下りすぎた少数個体ではないのか。予備調査で見つからなかった塩分フロントはそんなに南下していたのか。そもそもそれらは本当にウナギだろうか。研究者の悪い癖で、さまざまな疑問が湧いてくる。すぐにも開洋丸船上に飛んでいって、実物を見たい、確かめたい、気ははやるばかりであった。しかし、白鳳丸はスルガ海山で新月まで包囲網を守るミッションがあった。たとえ空振りに終わっても、最後までスルガで産卵がなかったことを確かめなくてはならなかった。

新月の2日後までスルガ包囲網で調査をつづけ、ここでこの年この月の産卵はないと確認した後、白鳳丸は開洋丸が親魚を捕獲した点に急行した。測点到着後2回目の曳網でいきなり14個体のプレレプトセファルスが採集された。これらはすぐに白鳳丸船上で遺伝子解析され、ニホンウナギであることが確認された。これで、この月にはここで産卵が起こったことを確信した。そしてあの開洋丸が捕獲した計

3個体の親ウナギは、まさしくここで起きた産卵に加わった親魚であることを知った。自分たちで捕って、調べてみて、やっと納得がいったのである。

その後も調査をつづけ、結局計241個体のプレレプトセファルスを得た。今やスルガ海山以南でも、産卵のあることは疑いのない事実であった。帰路についた開洋丸の張首席と洋上交信して、今回の大発見の論文化を進めた。また白鳳丸では、開洋丸の快挙を記念し、末永くその功績を讃えるために、世界初の親ウナギが捕獲された北緯13度、東経142度の地点を「カイヨウポイント」と呼ぶことにした。

海山とウナギの産卵

実際の産卵親魚を開洋丸が捕獲する2年前の2006年9月に、その地点をぴたりと予測した人がいる。熊本大学の横瀬久芳《ひさよし》である。自らを「海洋火山学者」と呼ぶ横瀬は、フィリピン海プレートの成り立ちと深層流の関連を文献的に考察して、「推定産卵場は北緯12度30分、東経142度の海域で、水深が200〜400m前後の海底かもしれない」と、東京大学海洋研究所で開催されたシンポジウム(「ウナギ資源の現状と保全」)で発表した。その後、発表内容は2008年6月に論文として公表した。親ウナギが捕獲されたカイヨウポイントと横瀬の予測海域は、広い海のスケールを考えれば誤差の範囲で一致しているとみなせ、中層で起こる実際の産卵を「海底」と予測したのは、彼が海底を研究する地学分野の研究者であったためかもしれない。

２００８年のあの時、張成年は横瀬のこの説をあらかじめ知っていたために、あのように易々とスルガ海山を捨てて、南下することができたのではないかと思い、張成年ご本人に尋ねてみた。すると、張は横瀬の予言をまったく知らなかったという。張は、２００８年の航海で初めてウナギ研究に関わるようになった。また水産庁の開洋丸のトロール設備を使って親ウナギを捕ろうという計画が持ち上がった時、誰が首席調査員を務めようかという話になって、結局そのお鉢が張や黒木にまわってきたらしい。張はウナギ産卵場の予備知識をほとんど持たない、「単なる下請けのウナギ捕獲要員との自覚」（本人記述）で開洋丸に乗船したという。しかし、それがかえってよかったのかもしれない。横瀬の予言も張の親ウナギ捕獲も、長年ウナギ産卵場調査に関わってきた我々とはまったく違った、フレッシュな感性と大胆な発想から、それぞれ独自に生まれた賜物である。これらはサイエンスにブレークスルーが生まれる時によく見られる情景だ。ウナギ研究にもこうした僥倖《ぎょうこう》が訪れたのであった。

一方、筆者がスルガ、アラカネ、パスファインダーの３海山にこだわった理由は、これまでの研究航海で実際に得られたレプトセファルスの分布データの解析結果であり、海流の方向と強さを示すアルゴスブイの放流実験の結果であった。しかしそのほかに、スルガ海山より南へ行けなかった理由として、長い年月のうちに海山仮説が、より海山そのものに意味を持たせるよう、知らず知らずのうちに変質していったことも挙げられる。

そもそも海山仮説とは、前出の通り、過去のレプトセファルス採集データと海流の情報に基づいて、北緯15度前後、東経142〜143度に存在する西マリアナ海嶺に産卵場があるはずだと推定したものである。またそこにある高い3海山の存在が、ウナギの産卵場形成に何らかの役割をはたしているだろうというものであった。したがって、海山仮説はもともと産卵海域を示すものであり、海山は単に産卵場形成のカギとなる環境条件を与えるものと考えられていた。それが、多くの講演や一般向けの文章の中でよりわかりやすく話を進めるために、海山そのもので産卵が行われるかのように説明・記述するうち、次第に変貌していった。そして自らの頭の中でも、3海山の存在が大きく膨らんでいった。

今回産卵親魚が捕獲された場所は、スルガ海山から100km以上も南にある地点だ。しかもここには、スルガ、アラカネ、パスファインダーの3海山のように、海底からの比高が高い海山はない。頂上の水深が1000〜2000m以上も深いところにある、低い海山群があるだけだ。ウナギの産卵は、海山を直接使うものではないらしい。少なくとも、外洋の中層を回遊して産卵場に到達したウナギが「海山に潜んで旅の疲れを休め、次の新月の産卵開始を待つ」ということはないようだ。低い海山の山腹の洞窟は、水温が数度と、産卵を控えた親魚には低すぎるからだ。

しかし、低い海山域の中層で親ウナギが捕れたからといって、産卵行動に海山がまったく関与しないというわけではない。むしろ低い海山ながらも多数の海山が点在する海山域なので、親ウナギの産卵生態には、やはり海山が何らか重要な役割をはたしていることは確かである。海山の重要性は、採集努力がネガティブデータも含めて広い範囲になされているプレレプトセファルスの調査結果を見ても明らかである。「待機場所」や「休憩場所」ではないにしても、そのほか海山の役割として考えられていた、雌雄の出会いのための「目印」と親ウナギの旅の「道標」としての海山や海山列の機能は、これからも検証の努力がつづけられなくてはならない。

雌親魚の発見

世界初の親ウナギの捕獲があった2008年5〜6月の開洋丸第1次航海につづいて、この年には8〜9月にも開洋丸の航海があった。この第2次航海の首席はアナゴ研究の第一人者、中央水産研究所の黒木洋明だ。この時期には白鳳丸の航海がなかったので、我々の研究室から青山潤と篠田章が開洋丸に乗り込んだ。この時の航海の模様は、先述の張の報告同様、黒木が日本水産学会誌の「話題」に詳述している。

それによると、6月に張らが雄親魚を採集したカイヨウポイントでは、親魚は一切採集できず、黒木は首席として苦労した。しかし、帰路の途中に計画した航海最後の一網で、骨と皮ばかりになった雌の親魚2個体が「奇跡的に」捕獲され、「最終回の逆転ヒットを打てた」とある。その地点はスルガ海山の30㎞南で、西マリアナ海嶺が一時途切れる「ギャップ」の北であった。

またその後のネット調査で、プレレプトセファルスも採集された。これは、この年8月の新月にはギャップの南のカイヨウポイントでは産卵がなく、逆に北のスルガ海山近辺で産卵があったことを示している。この開洋丸によるスルガ海山付近の雌親魚とプレレプトセファルスの採集は、これまで我々が海山仮説で提唱していた推定産卵場の範囲が間違いではなかったことを証明した。また、この航海に研究室から参加した青山と篠田は、白鳳丸で培った乗船調査の経験を存分に活かして、航海の成功に貢献した。

これまでの全てのプレレプトセファルスの採集地点を整理してみると、産卵地点は年により、月により変化することは明らかである。またこれは、2008年の6月と8月の開洋丸の2航海で捕獲された親ウナギが、100km以上隔たった別々の地点で採集されたことからもわかる。親ウナギの産卵地点は、横瀬の予言地点の一点だけではなく、産卵が起こる場所は複数箇所あり、それらの集合体がいわゆる産卵場である。ニホンウナギという種が産卵に使う「産卵場」の海域が、ある広がりを持って西マリアナ海嶺に存在し、その中で年により、月により実際に産卵が行われる「産卵地点」が選ばれるようだ。カイヨウポイントの発見は、ニホンウナギの推定産卵場の範囲を1度ほど南に広げたことになる。

オオウナギとニホンウナギ

2008年6月の航海ではオオウナギの雄親魚がニホンウナギ雄親魚と同一の網に入った。オオウナギとは、大型で身体に斑紋のあるウナギで、ニホンウナギとともに日本にも生息する。しかし本種の分布の中心は赤道を中心とした広い熱帯域で、日本はその分布の北限になっている。両種が同じ網に入るということは、異種のウナギが同時期に、同じ場所で産卵していたことになる。ハイブリッドはできないのか。どのように、それぞれの繁殖相手を区別しているのか。種に特有の匂いがあり、新月の暗がりの中でもしっかり種の判別ができるのであろうか。さまざまな疑問が湧き起こる。２００９年６月の開洋丸航海でも、全長１２２cmの大きな雌オオウナギが1個体捕れた。この時も、この雌個体はニホンウナギの雄と同じ網に入った。同時期に合同調査を行った水産総合研究センターの最新鋭のトロール調査船・北光丸も、オオウナギ雄魚とニホンウナギ雄魚を同一曳網で捕獲した。

結局、２００８、２００９年の調査で捕獲されたオオウナギは3個体、その内訳は雄2、雌1であった。ちなみにこれまでに得られている全ニホンウナギの12個体は雄6、雌6で、これは性比に大きな偏りはない。面白いことに、例数は少ないものの、同種の雌雄が同時に捕れたことはない。産卵時以外、雌雄はそれぞれ別集団をつくっているのかもしれない。

プレレプトセファルスの日齢査定と卵の採集結果から、ウナギの産卵は新月の2~4日前の3日間に行われることがわかっており、これ以後に採集された親魚は、産卵後の個体である可能性が高い。開洋丸で得られた雌のニホンウナギの全てが新月当日から2日後に捕れたもので、その月の新月期の産卵が済んだ後の個体と考えられる。雄については新月の2~4日前なので、産卵のタイミングはわからない。

産卵生態の不思議

オオウナギ、ニホンウナギとも雌魚は、卵巣に排卵の経験を示す排卵後濾胞《ろほう》が数多く確認できたので、これらは少なくとも一度は産卵した個体といえる。また卵巣には排卵後濾胞とともに、かなり発達した多数の卵巣卵が観察された。これよりウナギは一つの産卵期に1回きり産卵するのではなく、複数回にわたって産卵することがわかった。しかし、著しく消耗していた2008年の雌ウナギを見てもわかるように、2年以上の産卵期にまたがって産卵することはないようだ。

さらに奇妙なことは、雄が全てトロール網最後端の魚捕り部分に入って採集されるのに対し、1個体を除く全ての雌が網の入り口近くの袖網部分に挟まれて揚がってくることである。この部分は、ロープでできた網目が1m以上もあろうかという大きな目合いの部分で、ウナギに対して網として機能するとは思えない。

実際、この袖網部分が前後に引っ張られ、網が絞られてできるV字状の部分に、刺し網状態でひっかかり、雌ウナギは捕獲される。どうして雌雄で捕れ方に違いがあるのか、今のところ推測の域を出ないが、遊泳力の差、行動の違い、体表のなめらかさの違いなど、いろいろと要因が議論されている。曳網中、袖網のV字状の部分に危ういバランスで親ウナギが引っかかっているところを想像すると、海中にはもっとたくさんの親ウナギが分布していて、ずいぶんとりこぼしがあるのかもしれない。今後、より詳細な研究のため、定量的に親ウナギを採集できるよう、漁具の改良が必要である。

6　卵の発見

合同調査

２００９年には4月と5月の新月に白鳳丸、５月と6月の新月に開洋丸が調査に出かけた。中でも５月の新月には、下関の水産大学校の練習船・天鷹丸《てんようまる》も加わり、計３隻の大船団がマリアナ沖の産卵場で縦横に合同調査した。また6月には水産総合研究センターのトロール最新鋭船・北光丸《ほっこうまる》も参加し、張成年首席をはじめとして、我々の研究室から青山潤と渡邊俊が乗船した。さらに、６月の開洋丸には、4、5月の白鳳丸航海を終えた筆者と篠田章君が乗船した。筆者はこの時やっと実際の親ウナギの顔を拝む機会を得た。開洋丸の後部甲板で、網から揚がってきた雌親魚をゴム手袋越しに手にした時の感触と重量感は忘れられない。

さらに、２０１０年は予定されていた白鳳丸航海が重油高騰のためキャンセルされたので、８月、９月の開洋丸航海には、我々の研究室から筆者以下合計7名も乗船した。またこの年は、北海道大学のおしょろ丸と水産庁の照洋丸も調査に参加した。

話を2009年の航海に戻すと、4月は白鳳丸のみの単独航海だった。これまで一度も調査のなかった4月のデータがとれることが楽しみだった。しかし、4月はニホンウナギの産卵期の走りと考えられていたので、おそらく成果は少ないだろうと予想していた。案の定、4月の航海中に3月生まれのレプトセファルスも、4月生まれのプレレプトセファルスも採集されなかった。

しかし後日談がある。実際には4月にもわずかではあるが、ウナギは産卵していたのである。5月、白鳳丸航海の140度ラインの予備調査で、4月生まれのレプトセファルスが採集された。やはり、プレレプトセファルスは採りにくく、ひと月後レプトセファルスになれば、140度ラインで必ず検知できるようだ。

卵が採れた！

2009年5月22日、新月の2日前の未明のことだ。白鳳丸は西マリアナ海嶺南端部の海山域で、ニホンウナギの受精卵を31個採集した（2・11）。採集地点の北緯12度50分、東経141度15分は、ちょうど塩分フロントと西マリアナ海嶺の海山列が交わった点で、親ウナギが産卵海域に形成される塩分フロントを目安に産卵地点を決めるというフロント仮説を裏づけるものであった（2・12）。

卵が分布する水域は極めて狭く、わずか10㎞四方と推定された。卵は船上でただちにリアルタイムPCRにより遺伝子解析され、ニホンウナギと種査定された。これらはさらに陸上でミトコンドリアDN

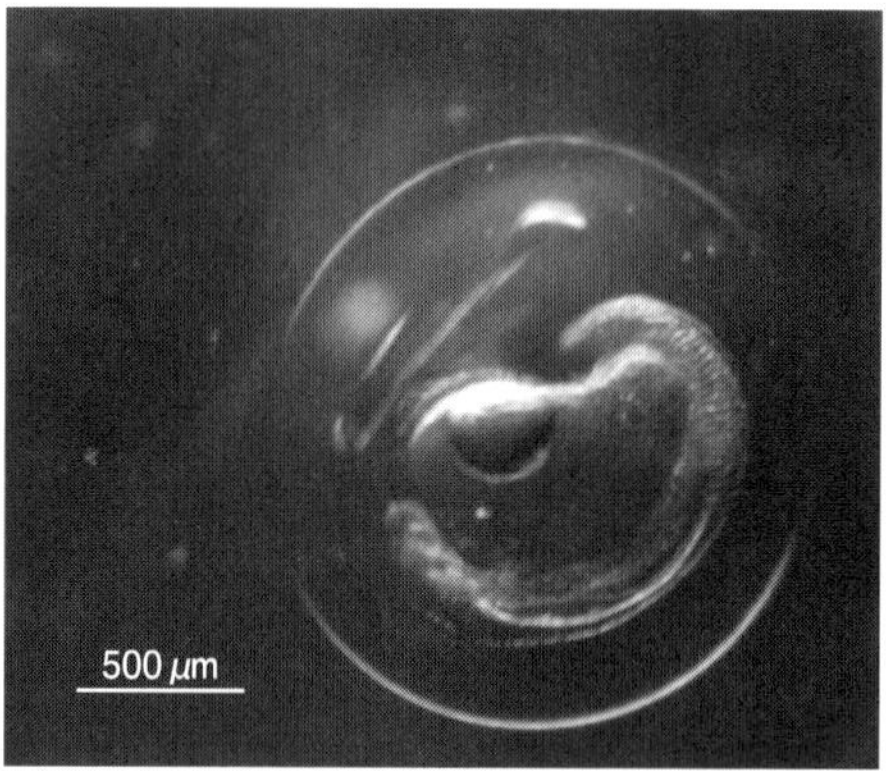

2.11　2009 年 5 月 22 日新月の 2 日前未明に西マリアナ海嶺で採集されたニホンウナギの卵

Aの塩基配列が詳しく解析され、ニホンウナギであることが再確認された。卵は広い囲卵腔《いんらんこう》を持った胚体期のもので、直径は平均1・6㎜、受精後約30時間、新月3日前の夜間に産卵されたものと推定された。翌23日に採集された卵には、船上で観察している間に孵化し始めたものもあった。その後は、同一群の卵に由来すると思われるプレレプトセファルスが100個体単位で多数採集された。この発見により、ニホンウナギの推定産卵場はカイヨウポイントよりさらに南西へ広がっていった。

考えてみると、この時卵が採れたのはやはり幸運であったと思う。卵は上述のプレレプトセファルスより小さい範囲に濃密な集中分布をしているので、さらに採りにくい。実際1年間に産卵する親ウナギが10万個体いたとしても、産卵の瞬間には、一辺が10mの立方体の中にすっぽり入る。また、その時受精した卵も、最初は同程度の広がりしか持たない。さらにやっかいなことに、卵は受精後わずか

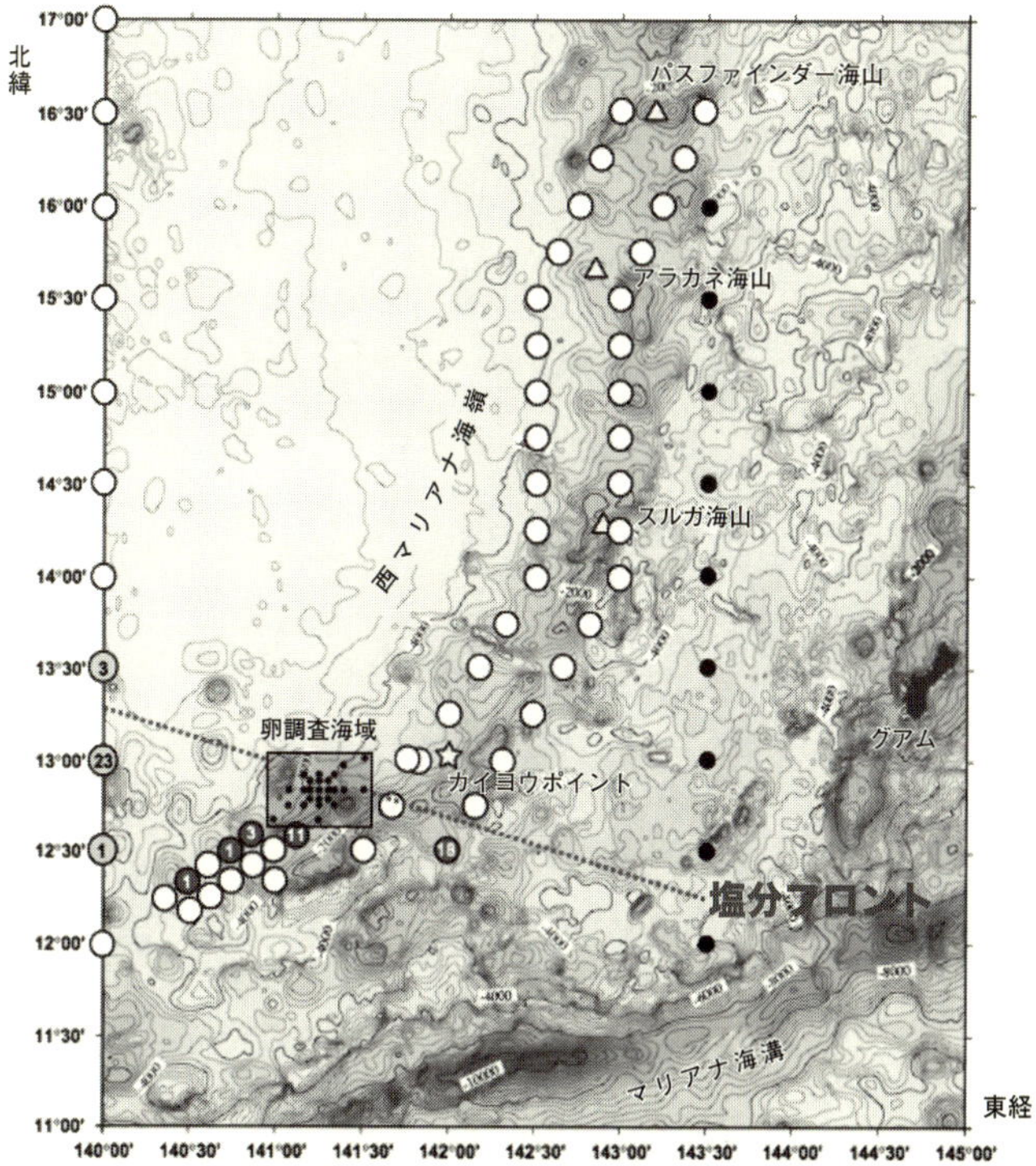

2.12　2009 年 5 月の白鳳丸航海におけるウナギ卵採集地点（黒線、卵調査海域枠内）と塩分フロント（赤破線）の位置。140 度ラインの○と数字は前の月の新月に生まれたレプトの採集地点と個体数。図中の○は、ウナギの採集がなかった測点。140 度と 143.5 度のラインで CTD 観測が実施され、その結果に基づいて塩分フロントの位置が推定された

1日半で孵化してしまう。したがって、大変厳しい時間的、空間的制約の中での勝負になる。この1日半のうちに、広大な海の中、狭い範囲に空間分布する卵に網をヒットさせるのは、至難の業だ。天文学的に低い確率といってよい。幸運の女神が白鳳丸に舞い降りたとしか思えなかった。

傾いた塩分フロント

ウナギ卵が採集できたのは、この年、塩分フロントの位置を正確に押さえることができたためである。これは天鷹丸からのCTD観測結果の貢献が大きい。もし、白鳳丸が例年通り単独で140度ラインを観測し、塩分フロントの位置が13・5度であると知ったとする。それを海山列まで真東に延ばして海嶺との交点を求めていたら、実際の卵採集地点より北東に200㎞も離れた海域を集中的に調査することになったかもしれない(2・12)。そうすれば、おそらく卵の発見はなかった。

しかし、天鷹丸から衛星を通じて送られてきた143・5度ラインの塩分フロントの位置は北緯12・5度で、白鳳丸の140度ラインの13・5度と、1度も違っていた。我々は両ラインの塩分フロントの位置に斜めに定規を当てて直線を引き、海山列との交点を求めた。まさにその交点で卵が採集されたものだから、我々自身その的中ぶりに驚いた。

早速、僚船の天鷹丸と開洋丸に、卵採集の報告をした。その時開洋丸に乗船していた青山の話によると、掲示板に貼り出された、なぜか真っ黒の状態になってしまった卵のファクス写真を、開洋丸の乗船研究者たちは食い入るように見たとのことだ。その後、開洋丸は卵採集点に急行して、プレレプトセファルスを連日採集した。白鳳丸が帰路についた後も、プレレプトセファルスのいる水塊を追跡して、ウナギの初期発生の様子と摂餌開始期の初期餌料について貴重な情報を得た。

ウナギの当たり年

この5月の白鳳丸の卵発見が、さらに6月の開洋丸と北光丸の親魚の採集にもつながっていった。3009年6月の新月を狙った開洋丸航海は、黒木洋明首席の勘が冴えわたり、ウナギ親魚大漁の大成果があった航海である。カイヨウポイントを境に、スルガ海山を含む北で北光丸（張成年首席）が、また南西の卵ポイントを含んで西マリアナ海嶺南端までの南を開洋丸が分担して、両船でトロール調査が始まった。しかし新月4日前の6月19日に卵ポイントの南西にあるウナギ谷北壁で開洋丸が親ウナギを捕ったとの報を受け、北光丸が駆けつけてきた。ウナギ谷とは、西マリアナ海嶺が南端部で二叉する股の部分にできた、水深6000mの海底谷だ。夜間、至近距離の海上で2船が平行してトロールを曳くという、ウナギ調査では前代未聞の壮観な光景がマリアナ沖で出現した。

その後このウナギ谷に沿って東進すると、続々と親ウナギを捕獲することができた。最終的に2009年は、開洋丸がニホンウナギ7個体、オオウナギ1個体、北光丸がニホンウナギ1個体、オオウナギ1個体の計10個体を捕獲した。6月23日新月当日の夜、開洋丸で得られた雌の1個体は、網から外した時船の甲板に卵を漏らした。解剖してみると腹の中に排卵された卵を大量に持っていた。しかし、これらの卵は全て死んでおり、何らかの原因で6月新月の産卵の際に産み出されず、腹に残っていたものと考えられる。何にしても、2009年は卵の発見もあり、親魚の大量捕獲もあり、ウナギ大収穫の年であったといえる。

産卵の水深

卵が採集された地点で、Big Fishを水深別に水平曳網したところ、卵から孵化したばかりのプレレプトセファルスが水深160m層で多数採集され、その上下の層ではほとんど採集されなかった。この海域は所々に比較的低い海山が点在する海山域ではあるが、平均すると水深3000~4000mの深い海である。そうした深海域の表層近くに、孵化直後のプレレプトセファルスが集中分布していたことになる。

160m層はちょうど水温が急激に変化する温度躍層の最上部に当たり、また植物プランクトンやその死骸が集積してクロロフィル濃度が最大になる層（150m）の直下である。おそらく水深200m前後で産卵された卵は、海水より軽いため、発生にともなってゆっくりと浮上するはずだ。孵化したプレレプトセファルスは海水の密度が大きく変わる温度躍層に集積したものと考えられる。

産卵水深が約200mと推定できたことで、従来漠然と信じられていたウナギの産卵が深海底で起こるという俗説を排し、深い海域ではあるが、その比較的浅い層で産卵が起こるという新たな事実がわかった。この発見により、人工種苗生産で親ウナギに与えるとよい産卵環境条件（水温、塩分、光条件など）が明らかになった。これは卵質の向上につながる。同時に、孵化した仔魚の最適な飼育環境条件を知ることができた。さらにプレレプトセファルスが集積した水深160m層は、クロロフィル極大層（150m）の直下であったことから、人工種苗生産で最大の難問となっているレプトセファルスの餌の開発に有力な示唆が得られるものと考えられる。

以上の成果は、農林技術会議ウナギプロジェクトの研究チームの成果として、『Nature Communications』誌に発表された。ここには、全国のウナギ研究者の代表が名を連ねた。これまでの卵やプレレプトセファルスの情報と2009年までに得られた親ウナギの解析結果をとりまとめた重要な論文となった。また2011年1月には、東京大学で水産総合研究センターと合同プレスリリースを行った。日本のウナギ研究の到達点を、世界に示すことになった。

偶然か、必然か？

2009年の卵発見後、2010年に航海はなかったが、2011年には再び白鳳丸で産卵場調査の機会が訪れた。塩分フロントを見つけ、海山列との交点で調査を始めたところ、わずか4回目の曳網でウナギ卵を得ることができた。採集された卵の発達段階とそれぞれの採集日時から逆算すると、ウナギは新月の２～４日前の３日間に、ほぼ同一海域で毎晩産卵しているようだ。卵の分布水深から、ウナギの産卵は、水深１５０～２００mの比較的表層近くで行われることも再確認できた。これによって、今回の卵採集は２００９年の卵発見のように、幸運や偶然だけではないように思えた。正確に明瞭な塩分フロントの位置さえ見つかれば、かなりの高確率で卵は採集できそうな気がしてきた。

これはプレレプトセファルスの発見の時と同様に、経験がものをいって、一度卵を発見すると「卵を見る目」ができるのかもしれない。レプトセファルスやプレレプトセファルスの選別作業をする時と違い、卵の場合は極めて透明感が強いので、シャーレの中で、何もない部分を注視する。すると、卵が入っている場合は、極小のガラス粒のようなものが水の中から急に見えてくる。これが、我々が「卵目」と呼んでいる魚卵の選別法である。卵には「卵目」、レプトセファルスには「レプト目」で臨むのである。

２００９年のウナギ卵31個は、遺伝子による種判別のため、採集直後に船上で全てすりつぶされたため、実際の標本は現存しない。しかし１４７個の卵が採集された２０１１年の航海では、そのうち計７個の卵を、世界で初めてのホルマリン固定標本として残した。これらは、２０１１年夏に開催された東京大学総合研究博物館の特別展示「鰻博覧会」で一般に公開された。

産卵地点の移動

卵やプレレプトセファルス、親魚の採集位置を眺めていて気になるのは、近年、ニホンウナギの産卵地点が南へ移動しているかもしれないということだ（サザンシフト）。1998年には推定産卵場最北のパスファインダー海山の周辺で、10㎜台の小型レプトセファルスが採集された例があるが、2005年のプレレプトセファルスの採集地点は、スルガ海山の西である。その後プレレプトセファルス採集地点はさらに南下してきて、カイヨウポイントを越え、12・5度まで下がった。親の採集地点も、2009年は12度近くの低緯度となっている。これは単に、産卵地点は不変で、常に南で生まれた卵やプレレプトセファルスが急速に北へ運ばれているとも解釈できる。しかし、一方で産卵地点が塩分フロントの南下にともなって移動したとも考えられる。

エルニーニョが起こると、塩分フロントが南下することが知られている。最近のエルニーニョの頻発は塩分フロントの南下にともなう産卵地点の南下をもたらしているのかもしれない。このサザンシフトはレプトセファルスの輸送とシラスウナギの東アジアへの加入に大きく影響する。シラスの資源変動を起こす、重大な要因と考えられる。

事実、カイヨウポイントで生まれたウナギの運命を、海流データに基づく数値シミュレーションで見てみると、大部分がミンダナオ海流に取り込まれて死滅回遊となり、黒潮に乗って、東アジアに加入する個体は少ないという結果が得られる。しかし、スルガ海山の緯度から粒子を放流すると、大部分が黒潮に取り込まれ、首尾よく東アジアにやってくる。個々の産卵地点の実際のデータを積み重ね、産卵地点と資源の変動の関係を検証していく必要がある。こうしたウナギの産卵場研究は、世界的にも激減しているウナギ資源の保全に大きく寄与する。

ウナギの未来

親ウナギの捕獲とウナギ卵の発見により、サイエンスアドベンチャーとしてのウナギ産卵場調査の時代は終わった。これからはより詳細な海洋学的、生物学的研究の時代が始まる。広い海の中のピンポイントともいえる限られた地点に、雄ウナギと雌ウナギは何を目印に集まることができるのだろうか。親ウナギの回遊ルートはどこか。そもそもなぜウナギは何千㎞もの大回遊をしなくてはならないのか。研究の課題は尽きない。こうした疑問に答えられるようになった時、人類はいつか神秘のベールに隠されたウナギの産卵シーンを目の当たりにするだろう。

一方で、これからはウナギ産卵場調査の応用的展開が強く望まれる。世界的に激減しているウナギ資源を保全するために、早急に資源変動メカニズムを解明しなくてはならない。それには、周到に計画された資源調査が必要である。産卵場における親ウナギと仔魚密度の定期的なモニタリングである。一方、仔魚輸送のプロセスと、東アジア河口のシラスウナギの加入実態を知ることも肝要である。

これらの信頼できる定量的科学データに基づいて、ウナギの国際資源管理に着手しなければ、中国、台湾、韓国、日本の共有資源であるニホンウナギの将来は危うい。同時に天然ウナギ資源の過度の利用を抑えるために、人工シラスウナギの大量生産の実用化を急がねばならない。人工種苗生産技術の実用化に必須である天然のお手本と海洋環境データを集積するためにも、今後も調査船による研究航海が必要である。

第3章

ウナギをつくる

香川浩彦（1～4）
太田博巳（5～7）

1　ウナギの性

養殖ウナギは雄ばかり

「先生、我々が食べている養殖ウナギは、雄ばかりって本当ですか？」

こんな質問をされたことがある。うなぎ屋で蒲焼きを食べていた時だったので、つづけて雌雄で味は違うのかという質問もあったが、これは軽くかわして、ウナギの性について話をした。

実際、我々が実験に使用するウナギは、養殖場から購入することがほとんどである。なぜなら、天然ウナギを使用したい時に、必要な尾数を購入することは、ウナギ資源の減少から、ほとんど不可能に等しい。しかも現実的な話で申し訳ないが、天然ウナギの価格は養殖ウナギの3倍もするので（おおよそ9000円／1kg）、潤沢とはいえない予算の中で、それらを充分量確保するのは難しいのである。

そこで、養殖ウナギの性を調べてみると、確かにほとんどが雄なのである。いろいろな情報を集めると、養殖場の違いによって雌ウナギも10～20％の割合で交ざっていることもあるが、いずれにしても、雄がほとんどであると思って間違いない。この傾向は、ヨーロッパウナギでもそうらしい。これでは、雌の専門家として、また、ウナギの子供をつくる上で、はなはだ不都合である。

天然ウナギの性

なぜ、養殖ウナギは雄ばかりなのか。いや、その前に天然のウナギの性比はどうなのか。我々は、宮崎大学のすぐそばを流れる加江田川のウナギを1年にわたって調査したことがある。

宮崎の伝統的な漁法であるボップ（ウナギ筒）を用いてウナギを採集した（3・1）。ボップというのは、単なる竹の筒である。大学の竹林からちょっと太めの竹を伐採し、80cm程度の長さに切断した後、鉄の棒で節を抜く。これだけである。

この竹の筒を丈夫なナイロンの紐で2m間隔ぐらいに連結して、川に沈めておく。いわばウナギの寝床を多数（40本ぐらい）沈めておくだけの漁法である。もちろん、我々はウナギ漁に関しては素人なので、漁業協同組合の組合長におそるおそる教えを請うた。心配していたけんもほろろの対応はなく、竹の伐採から、ボップのつくり方や、川のどのあたりに沈めたらよいかについてまで、軽トラックや船まで出していただき、手取り足取り教えていただいた。ありがたいことである。

担当の学生には、2カ月間で最低20尾、年間120尾以上のノルマを課し、ウナギが捕れることを期待してボップを川底に沈めた。ボップを沈めて何日か後の干潮の時に、何十尾も捕れていることを想像し、わくわくしながら川に入っていった。

3.1　ウナギ筒でのサンプル採取。ウナギが入っていることを期待して、手製のボップ（竹筒）を上げる。大学の近くの川で１年間天然ウナギの調査をした。養殖ウナギと違い、雌雄比はほぼ１：１であった

加江田《かえだ》川の河口から１５００～１７００mの場所は、歩を踏み出すとずぶずぶと足がめり込む泥床状態で、へたをすると足が抜けなくなってしまうばかりではなく、胴付《どうつき》の上から水が入ってきそうである。やっと、宮崎大学調査中の目印の旗にたどり着き、背の高い担当学生にボップを持ち上げさせた（3・1）。これがなかなか難しい。ボップを探し当てたら、次に水中に沈んでいるボップを周辺の泥を巻き上げないように探し出すのがひと苦労である。ボップの一方の出口にそうっと網を入れて、反対側をゆっくりと持ち上げるのである。ただの竹筒なので昼寝をしているウナギを起こさないよう、ゆっくりと慎重にボップを持ち上げると、ウナギが網の中へ出てくるのである。

やった、大きいぞと思う間もなく、60cmはあろうかというウナギが身体を硬直させ棒のようになったかと思うと、やすやすと網の外へ。ああ！　もう手を出しても遅いのだよ、増田君（担当学生の名前）。網が小さすぎた上に、天然ウナギの能力を甘く見ていた。このような苦労を重ねながらも、卒論のかかっ

た学生は、最終的にはなんと160尾のウナギを採集し、ノルマ以上の働きをし、みごと卒論を書き上げた。

話が本題からずれてしまったが、苦労して採集した加江田川の河口付近に生息するウナギの性比は、ほぼ1：1であった。一方、日本水産資源保護協会の全国レベルの調査結果（3・2）では、利根川では約5％、高知県の物部川では約18％、鹿児島県の川内川では約20％が雄、全国平均では、約20％が雄

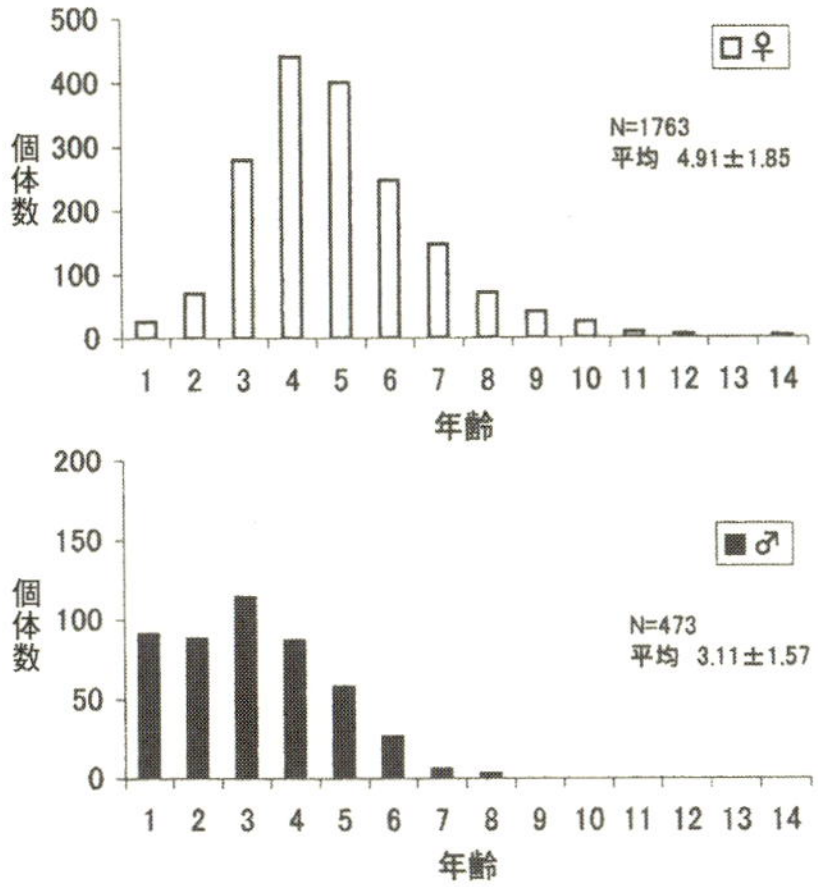

3.2　捕獲された雌雄ウナギの尾数。全国調査の結果、年齢によって性比は異なるが、全体では雄の割合は約20%であった。雄は4歳以上になると数が減少するが、雌は歳をとっても河川に生息しつづける（出典：『平成15年度ウナギの資源増大対策委託事業報告書』〈日本水産資源保護協会、183ページ〉より）

であり、むしろ天然ウナギは雌が多いという、養殖ウナギとは逆の結果である。採取する方法、場所、時期などがさまざまで単純に比較するのは難しいが、少なくとも雄に偏ることはない。つまり、養殖場のウナギの性は、何らかの影響で、天然ウナギとは異なる性比になってしまったとしか考えられない。

雄になるための条件

では、なぜ養殖ウナギは雄ばかりなのか。

その前に少々込み入ったお話をするので、気楽に聞いていただきたいのであるが、そもそも性はどのように決まるのであろうか。難しい言葉でいえば、性決定のメカニズムはどのようになっているのであろうか。

人間を含めた哺乳類では、雄に（精子に）性決定権があり、X染色体を有する精子が卵子（常にX染色体しか有しない）と受精すると雌に、Y染色体を有する精子が受精すると雄になる（3・3）。具体的には、Y染色体上に雄を決定する遺伝子（SRY遺伝子）が存在し、この遺伝子を起点として雄になるためのいろいろな遺伝子がその後に次々と発現して、なにごともなければ雌になってしまうところを雄に誘導するのである。つまり、哺乳類では、性決定はY染色体上のSRY遺伝子が雄になることを決める唯一無二の存在であり、受精時に雌雄が決定されるのである。

魚はどうか。哺乳類のSRY遺伝子に相当する性決定遺伝子を持っているのはメダカと近縁種のハイ

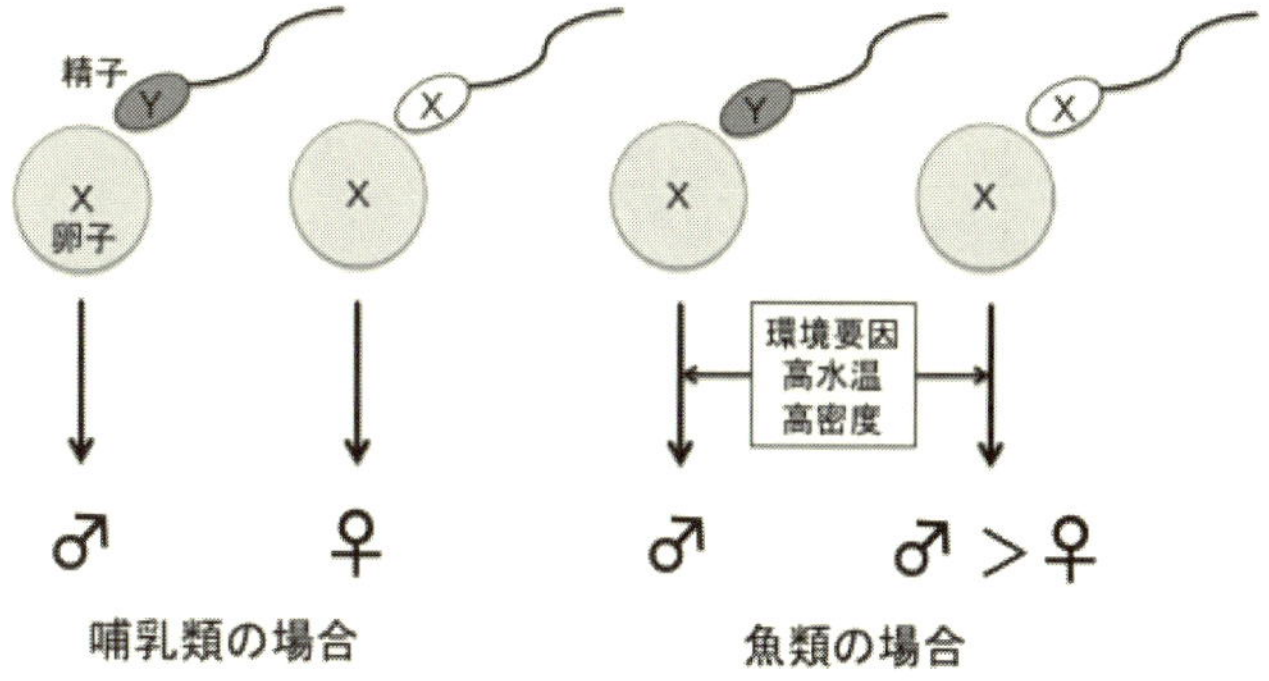

3.3　性決定機構。哺乳類では、Y染色体（性決定遺伝子が存在する）を持つ精子が卵子と受精すると雄に、X染色体（性決定遺伝子がない）を持つ精子が卵子と合体すると雌になる。しかし、魚の場合（ウナギも含めて）、環境要因（高水温や高密度飼育）により、雌になるべきものが雄になり、その結果、雄の割合が増えると考えられている

ナンメダカで、DMYという遺伝子が性決定遺伝子であることが明らかになっている。この研究は、私の師匠、長濱嘉孝（元基礎生物学研究所教授）が世界に先駆けて行った誇るべき研究である。したがって、メダカではY染色体上にDMYという遺伝子があれば雄になるのである。しかし、魚類はその進化の過程で性の決定方法や繁殖戦略に関して思いもよらない方法を編み出し、自己複製（繁殖）により子孫を残してきた。メダカ以外のほとんどの魚類にといっていいかもしれないが、メダカのDMYに当たる性決定遺伝子は発見されていない。むしろ、魚類はピンポイントで唯一無二の遺伝子を用いて性を決定することを嫌った進化をしたと考えられる節がある。

たとえば、南米の淡水・汽水域に生息する魚ペヘレイや近縁種のトウゴロウイワシなどは、孵化時の水温によって性が変わり、高水温であれば雄に、低水温であれば

雌になる。さらに、Y染色体を有していて、遺伝的に性が決定されると考えられている魚種、たとえばキンギョやヒラメなどでも、遺伝的な雌（XX）を仔稚魚の時期に高水温中で飼育すると、雄の割合が増加するのである。どうも、高水温は雄の割合を増やす方向への引き金になるらしい。

子孫を残すために重要な性の決定を環境まかせにして、はたしてよいものであろうか。根源的な理由はいまだ謎のままであるが、母体に保護されて育つ哺乳類とは異なり、胚発生以降の運命を環境に託している魚類は、自然の摂理にゆだねた方が子孫繁栄のためには得策であると見抜いているのかもしれない。

養殖場ウナギの性

さて、それではウナギはどうなのか。

養殖場の環境は、河川の自然環境とはかけ離れたものである。

まず、飼育水温は28〜30℃に設定している（3・4）。河川水の水温（おおよそ年間最低13℃〜最高29℃）と比較すると、非常に高い。

次に、自然界ではありえない高密度飼育を行っている。一つの河川にどのくらいの密度でウナギが生息するのかは不明であるが、養殖場では、1㎡当たり体重の合計が5〜10kgの高密度で飼育しているので、自然界でのウナギの生息密度は養殖とは比較にならないぐらいまばらであるに違いない。

3.4　黒い寒冷紗で覆ったビニールハウス（温室）。水温を 28〜30℃に加温して、ウナギを育てている。このため、ウナギは食欲旺盛になり、早く大きくなる

さらに、養殖場では、水温が高いため食欲旺盛だ。養殖業者も早く大きくしたいと餌をたっぷり与えるため、ウナギは、いやというほど飽食する。その結果、成長速度も早く、1月に約0・2gであったシラスウナギは、土用の丑のころ（7月下旬〜8月上旬、出荷の最盛期）までには、150〜200gと、約1000倍にまで成長する。天然ウナギがこのサイズまで大きくなるには2年以上を必要とすることから、いかに養殖環境での成長が早いのかがわかるであろう。

さて、このような天然とは異なる環境条件のうち、高水温は他の魚でもそうであるように、雄を多くすることに働く可能性がある。また、高密度飼育は、ヨーロッパウナギで行われた実験によると、どうも雄の割合を増加させる要因らしい。性分化前のウナギを1㎥当たり、800g（約1800尾）、1600g、3200g入れて飼育し、性分化におよぼす影響を見たところ、雄の割合は、それぞれ69、78、96％と、密度が高いほど雄の割合が増加した。

このように、雌の研究者には残念なことではあるが、しかし非常に興味あることに、養殖ウナギは雄が多い。最近の小林亨（静岡県立大学教授）の研究から、どうもウナギは最初に全てが雌の方向に分化するが、雌の分化に必要なＦｏｘＬ２という遺伝子の働きが弱くなると、雄になるらしいということが発見された。つまり、養殖場独特の環境、すなわち水温、密度、餌、成長などなど諸説入り乱れているが、おおよそ、これら全てを総括したストレスがこの遺伝子の働きを弱くし、雄化に向かうのではないかと考えられる。

しかし、いずれにせよ、雌ウナギの繁殖生理の専門家としては、これでは実験魚の確保に苦労することになる。では、雌にするにはどうすればよいかを考えた時、これらの飼育条件を天然環境に近づけてやればよいと思うのは常道である。しかしである。飼育密度が性比に影響を与えるとすれば、雌の実験魚を充分量確保するには、あまりにも広い飼育池が必要となることは想像に難くない。どうも、効率的には無理があり、ほかの方法を考えなければいけない。

ウナギの性転換

いずれにしても、雌の研究を主な生業にしている私としては、雌がいなければ始まらないのである。さてそこで、雌をつくり出さなければならないことになる。そんなことができるのか。

魚の性は孵化前後から仔稚魚期に決まるが、性の決定は、環境の影響を受けるということを思い出していただきたい。つまり、孵化前後から何らかの処理をすれば、人が本来の魚の性を変えることができる。人による魚の性転換技術である。

先人はすでに、魚類の性決定遺伝子が発見される前から、魚の性の分化（雄の場合は精巣が、雌の場合は卵巣ができること）には、女性ホルモン（雌性ホルモンともいう）や男性ホルモン（雄性ホルモンともいう）が関与していることを見出していた。つまり、雌にしたければ女性ホルモンを、雄にしたければ男性ホルモンを、まだ性の分化していない稚魚に投与すれば、それぞれの性に転換することができるのである。

え、そんなことは人間でも同じことをやっているのでは？と思った読者もいるかもしれない。しかし、人間の大人の性については、若干の見かけは変えることができても、本来の性、つまり卵巣が卵子を、精巣が精子をつくる機能までは転換できない。魚の場合は、成魚（大人の魚）になっても、稚魚同様これらのホルモン処理によって見かけではない本来の性を転換できるというから、何とでもなるのが魚の性である。この先人の説を利用して、性転換を行うのである。

ウナギは11月から6月ごろにかけて産卵場から日本沿岸に到達し、シラスウナギとして河川を遡上する（第2章参照）。養殖ウナギは、このシラスウナギを種苗（養殖に必要な稚魚）として育て上げるのである。このころは、雄でも雌でもない、精巣とも卵巣ともつかない生殖腺を持つ性的には未分化な稚魚である（3・5）。このままシラスウナギを養殖すると、ほとんどが精巣を持つ雄になる。そこで、性

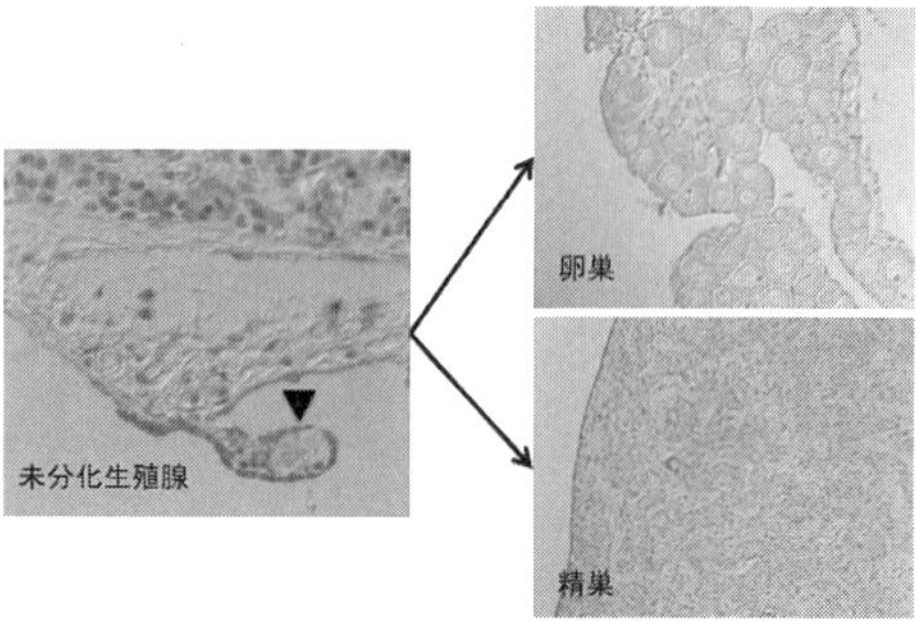

3.5　ウナギの生殖腺。シラスウナギの生殖腺は未分化で、精巣でも卵巣でもない（左）。その後、卵巣（右上）と精巣（右下）に分化して雌と雄になる。雄になる予定のウナギでも、女性ホルモンを餌に混ぜて与えると、雌に性転換する（写真提供：小林 亨〈静岡県立大学〉）

転換を行うこととなる。

　では、どのようにするのか。エストラジオールと呼ばれる女性ホルモンを餌に混ぜて、ウナギ稚魚に与えるのである。このホルモンは、簡単に人工合成できることから、市販の試薬として容易に手に入れることができる。この女性ホルモンを、ごく少量（餌の量の10万分の1程度）ウナギの餌に混入させて、シラスウナギが人工餌料に慣れた全長7㎝くらいから20㎝を超えるまでの6カ月間給餌すれば、なんと、ほとんど100％近くを雌にすることができる。

　ごく少量で効果があるのがホルモンである。ヒトのエストラジオールの化学的構造は魚と同じなので、もちろんヒトにも効果がある。不測の事態が起こるのが大学であるので、このホルモン入り餌をつくるときには、直接薬剤を手につけないように、吸い込まないようにしなさいと指導する。この程度の量では人間に影響を与えるとは思われないが、ひげがなくなっておっぱいが大きくなったら連絡するようにと言い伝えてある。

さて、このようにして、めでたく性転換させた雌ウナギは、雌ウナギとして卵巣が発達し、卵を産むことができる。人間とはちょっとわけが違うのである。

外観からの性判別

ウナギを実験動物として扱う場合にやっかいなのは、外観からはどちらの性であるのかわからないことである。女性ホルモンを餌に混ぜて投与し、性転換を行ったものはほとんどが雌であるので、外観から性別がわからなくても、実験の最後になって雌の実験をしたつもりが、雄が出てきてガッカリということにはならない。しかし、養殖されたウナギはほとんどが雄ばかりだと思って実験に使ったら、2〜3割が雌であったということはしばしばある。

松井魁《かい》（『鰻学』恒星社厚生閣）によると日本産ウナギは、眼の大きさ、頭の大きさ、ひれの長さ・形などで明瞭な雌雄差があるとしている。特に胸びれは差異が顕著で、雄の胸びれは長く、先がとがっており、全体として紡錘形をしているが、雌の胸びれは雄よりも短く、先端が丸く、全体として扇状に広がっているとされている（3・6）。

しかし、これらはいずれも統計的な差異であり、明瞭には区別できない個体も多数出現する。魚類は一般的に外観から性判別をしにくい。しかし、おもしろいことに、ウナギは雌雄で身体の大きさが異な

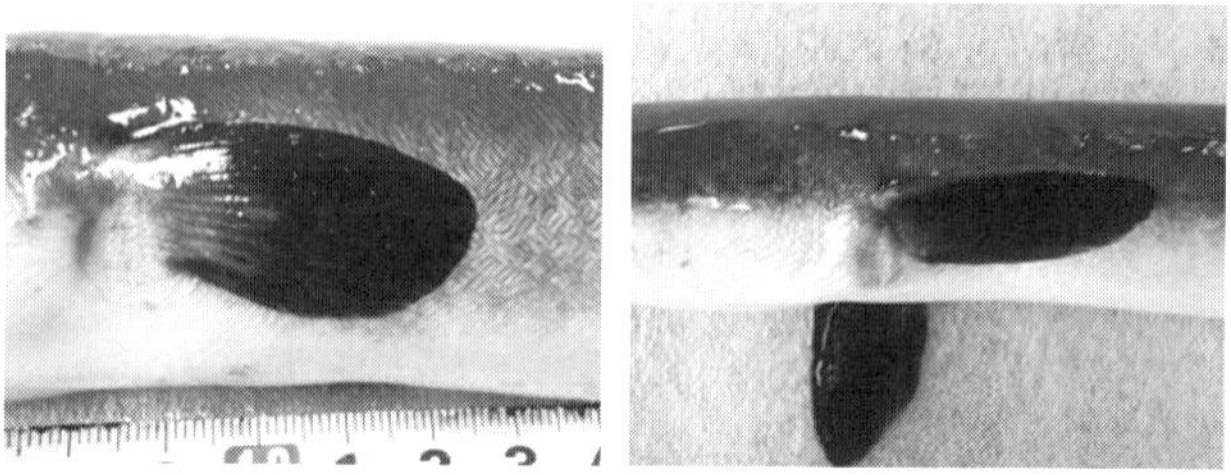

3.6　天然ウナギの雌（左）と雄（右）の典型的な形をした胸びれの写真。外観からウナギの雌雄を見分けるのは難しいが、胸びれの形からわかる場合もある

る。天然ウナギの雄は全長30㎝程度から成長が鈍り始め50㎝くらいが最大となる。雌はそれ以降も成長し、全長60～70㎝以上に成長する。それぞれのウナギはそのころになると成熟を開始するらしく、成熟した個体は川を下り産卵場へと向かうため、天然では大きく成長した雄は存在しなくなるのではないかと思われる。したがって、天然ウナギでは全長60㎝以上で体重が400gを超えるものは、雌と判断してもよさそうだ。

これは、あくまでも目安で、中には変わり者がいるので、注意する必要がある。宮崎大学の屋外池で飼育しているウナギは、池から逃げないように飼っているので、産卵のために川を下っていけないためか、長い年月飼育すると、雄でも体重が400gを超えるものは当たり前で、これまで最大554g、71㎝という大物雄も出現したことがあるから、やっかいである。例外もあるのが、生物学の常識なのかもしれない。

2　ウナギの成熟の不思議

成熟したウナギはいない？

「先生、腹の大きいウナギがいるので見に来ませんか」

いつもの話である。ウナギの成熟に関する研究を生業にしていると、時々、腹が大きいウナギや卵を持ったウナギがいるから見に来てくれ、などという問い合わせがある。おおかた、勘違いである。とはいえ、ひょっとしたらという淡い期待を込めて、どうせだめだろうなと思いながらも、見に行ってしまうのが、研究者の性《さが》である。

以前、車で4時間、往復8時間かけて、海水で飼育していたという、お腹の大きいウナギを見に行ったことがある。ところが、いくら目をこらして水槽を見ても、くだんの腹の大きいウナギはいない。「昨日まではお腹が大きかったんだけどな」と言う。ウナギを解剖する前からの淡い期待は、水を浴びた綿菓子のようにしぼんでいくのである。結局、何尾かのサンプルをもらったが、いつもの養殖ウナギと同じ、未熟な雄ウナギばかりであった。

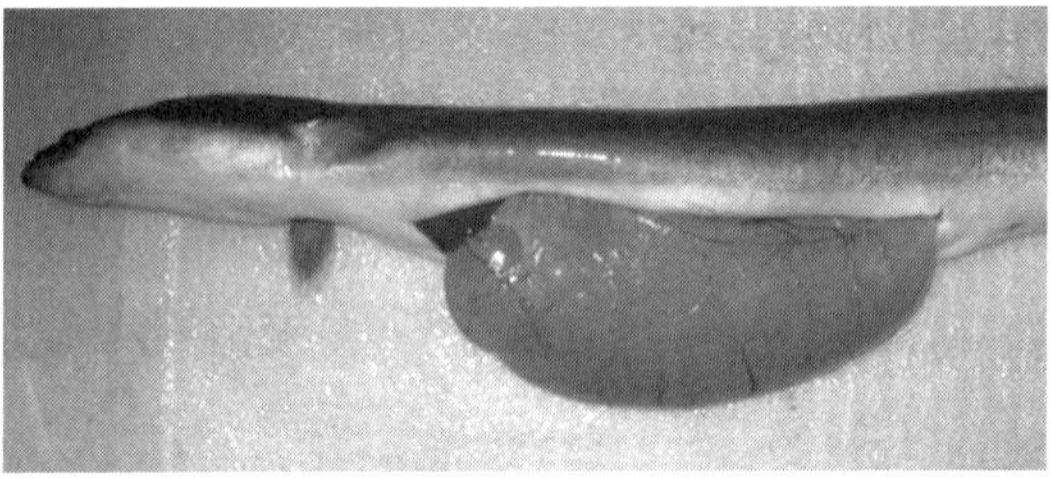

3.7　水飲みウナギ。海水に適応したウナギは水を飲んで、水分を補給する。しかし、淡水中で飼育していたこのウナギは、何らかの不都合で、こんなことになってしまった。水を飲んだために外見上お腹が膨れて、成熟しているように見えることがある

先日、これとまったく同じことが研究室であった。当研究室では大学の敷地内に多数あるコンクリート水槽に実験用のウナギを常にストックし、年間を通していつでも使えるようにしている。その池で、学生がお腹の大きなウナギを発見した。

「先生、腹の大きなウナギがいました。腹を開いてみるのはかわいそうなので、注射器を刺したら水が出てきました」

と事後報告してきた。わざわざ呼び出さないで、自ら考えて行動したことは非常によろしい。以前にも経験したことがある腹の大きくなった水飲みウナギであった（3・7）。

なぜ、このようなことになったかについての詳細は不明であるが、ウナギは海水に適応すると、失われる水分を補うために水を飲み、腸で吸収して不足した水分を補う。淡水中で飼育したウナギが水飲みウナギとなるのは、何らかの不都合が生じたためではないかと思われる。日本中で何人の人間が、何尾のウナギをさばいているかわからないが、これまで成熟したといえるウナギに出会ったことはないだろう。もちろん、我々も数えることができないほど多くの

ウナギを実験に用いてきたが、そのようなウナギに出会ったことはない。このように、飼育下ではウナギは決して成熟しない。この成熟したウナギがいないということが、シラスウナギの生産を難しくしている大きな理由の一つであることは間違いない。

天然のウナギも成熟しない？

飼育しているウナギと同様、日本で捕獲されるウナギは成熟していない。下りウナギと呼ばれ、川を下って産卵場への長い旅に出発するウナギでも、正確には成熟していない。成熟前期と呼べばわかりやすいかもしれないが、成熟を始めたばかりの成熟途上のウナギである。専門的には、雌は卵黄物質を貯めて、卵径が少し大きくなって成熟が進行している状態である。

雄では、精子形成の準備が整った時期のウナギである。しかし、成熟ではないのだ。成熟したウナギとは、実際に卵子や精子ができあがり、産み出される直前まで成熟が進行したウナギを指すのである。それならば、飼育している養殖ウナギではなく、成熟を開始した天然ウナギを飼育すれば成熟するのではないかと思われるかもしれない。確かにそうだ。

しかし、これまで、飼育10年以上の養殖ウナギを調べたり、成熟を開始した全長80㎝を超える天然ウナギを飼育したこともあるが、成熟していないばかりか、卵巣が退化していくのである。よって、たとえ皆さんが自分の家の水槽もしくは池で飼育しても、決して卵子や精子を採取することができないので

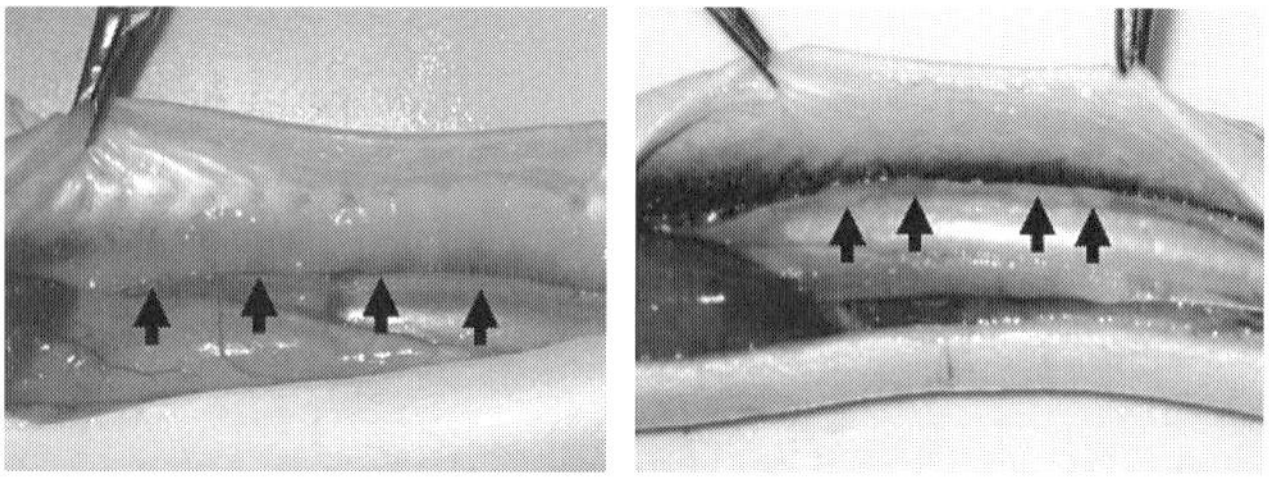

3.8　養殖ウナギの生殖腺。卵巣（左）や精巣（右）は非常に小さく、卵巣には未熟な卵、精巣には精子形成を開始していない未熟な生殖細胞があるのみである。矢印は生殖腺を示す

ある（3・8）。

ウナギは、日本水産資源保護協会の資料から推測すると（3・2）、雄では4歳、雌では5歳になると個体数が減少し始めるので、この年齢から川を下り産卵場に向かうと考えられる。したがって、このころが成熟年齢と考えてもよさそうだ。しかし、これ以上の年月飼育しつづけても、決して成熟しないのがウナギである。

環境によって授かる命

では、どうして飼育環境下では成熟しないのか。成熟しないのは飼育環境がウナギにとって心地よくないためである。魚類の成熟や産卵は、環境の影響を強く受ける。成熟の引き金が引かれ、成熟を開始することも、産卵を終了することも環境によって決まる。

ヒラメ、タイ、ブリ、マグロなどは、おおよそこの順番に春から夏（3～7月）にかけて産卵する。これらの魚は、12月の冬至（1年で一番昼の時間が短い日）から次第に日が長くなるにつれて成熟を開始し、3月以降の水温の上昇によって急激に成熟が進行する。タイやヒ

ラメでは、おおむね水温が15℃以上になると、ブリでは19℃以上になると、クロマグロでは23℃以上になると、産卵を始める。

このように、春から夏にかけて産卵期をむかえる魚を春夏産卵魚といい、これらの魚では、長日（日が長くなること）や水温の上昇が成熟や産卵を誘起する。しかし、逆に水温が高くなりすぎると（20〜25℃以上になると）、これらの魚では産卵が停止する。さらに、もう少し例を挙げておこう。

この春夏産卵魚とは逆に、秋から冬にかけて産卵期をむかえる魚には、シロサケ、サクラマス、イワナなどのサケ科魚類やアユなどがいる。これらの魚は、おおよそ一定の低い水温に生息しているため、水温よりも日長に強い影響を受ける。つまり、夏至（1年で一番昼の時間が長い日、6月下旬）を過ぎると成熟を開始し、さらに短日になる（昼の時間が短くなる）10〜12月にかけて、産卵期をむかえる。したがって、成熟に必要な心地よい環境とは、どの魚でも同じものではなく、種によって異なるのである。

それでは、ウナギにとって心地よい環境とはどのようなものであろうか。少なくとも、水槽で飼育しているウナギも日本近辺に生息している天然ウナギも、それぞれの環境が成熟にとって心地よいとは思っていないのだろう。心地よくない環境になると、成熟して子孫を残そうと思わなくなるのは、何も人間ばかりではない。

ウナギの寝床

ウナギの寝床という言葉がある。間口が狭くて奥行きがある家や部屋などを表すときに使う、あの言葉である。

元来、ウナギは狭いところが好きである。ウナギが昼寝する時のその性格を利用してウナギを捕る方法は、ウナギ筒や石倉（川の中に人工的に河石を積み上げておくと、ウナギがそこに入る。ウナギが入ったころを見計らって、まわりを網で囲って逃げられないようにしてから、石をどけてウナギを捕る漁法。どけた石は近くに積み上げて次の漁に備える）などがある。いずれにしても、ウナギが休む時に、何かに身体をくっつけておくこと、それがウナギにとっては心地よい状態なのである。狭い、暗い、細長いことがウナギにとって心地よい空間なのである。

しかし、この心地よい寝床を捨てる時がくる。これまで、川底の暗い礫や岩の隙間に身体をくっつけるようにひっそりと暮らしていたウナギが、どこをどのように泳いでも触るもののない世界を欲するようになる。ウナギに意思があるとするならば、これまでとは違う、安穏とした生活を捨てて大海に下っていく、そのような一大決心をして、身体も心も大変身するのである。つまり、身体が海水・深海仕様になった変身ウナギにとっては、ウナギの寝床のような環境は心地よい環境ではなくなったのだ。

飼育しているウナギでも、日本に生息する天然のウナギでも、成熟を開始したウナギにとって心地よ

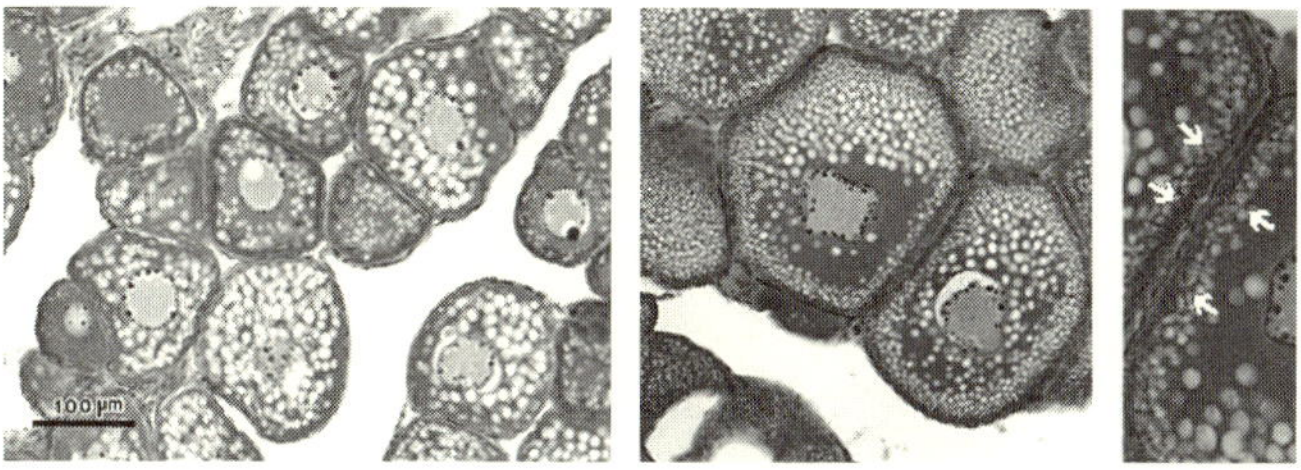

3.9　海水中で飼育したウナギの卵巣。３カ月間の海水飼育は卵の発達を促す。実験前の未熟な卵（左）は、海水飼育３カ月で、卵黄物質が蓄積され卵径が大きくなる（中央）。矢印は蓄積された卵黄物質を示す（右）

い環境とは、何も障害のない3次元の海水中なのかもしれない。子孫を残すためには、自らにそんな試練を課し、あえてこれまで心地よかった寝床を捨てる、そんな強い意志がウナギにあるとすれば、我々も少し見習う必要があるのかもしれない。

ウナギの試練

ウナギの意思まで考えたのは私ぐらいかもしれないが、生物学者の夢想はとどまることを知らないので、ウナギの望む環境についての研究は多い。

私も御多分に洩れず、海水での飼育がウナギの成熟におよぼす影響について研究したことがある。その結果、実に興味あることに、海水仕様になっていないウナギを海水に馴らし3カ月間飼育すると、卵黄の蓄積が始まり、卵が少し成長することがわかった（3・9）。

また、北海道大学の足立伸次らのグループは、ウナギが川を下り産卵場に向かうころの水温を再現し、25℃から15℃に飼育水温を下げていくことで、油球の蓄積が進行し、それに必要なホルモンの血中濃度が増加することを報告している。さらに、フランスの生物学者は、ウナギはきっと深海を泳いで産卵場に向かうのではないかと考え、ヨーロッパウナギを水深1000mに相当する水槽で飼育してみたところ、卵径が増加し、成熟に関わるホルモンが上昇したと報告している。残念ながら、3～7週間の実験では、それ以上の成熟は認められなかった。さらに、2500㎞の旅の産卵場までの過程で、泳ぐことが成熟を促進させるのではないかと考えたオランダの研究者がいた。これまで安穏としてきたウナギを泳がせるのは、大変である。

自由に泳げる海洋環境をつくり出すこと、つまり3次元的に障害のない水槽はいくら予算があっても作れない。そこで研究者が考え出した水槽は、水の流れのある筒状の水槽で、否が応でも泳がなければならない環境をつくったわけである。ランニングマシンならぬ、強制遊泳水槽である。確かに、ウナギは泳いだようだ。しかし、ウナギはどうも強制されることが好きではなかったらしく、成熟のための心地よい環境だとは思わなかったようで、河川の未熟なウナギでわずかな成熟は認められたものの、成熟しかかった下りウナギでは、逆に成熟が抑制されてしまった。しかし、いずれの実験も、ウナギの意志に関係なく人間が考えた心地よいであろう環境は、強制されるという点において、ウナギにとってストレス以外の何者でもない。自分の意思で自由な生活ができるような環境、それが人にもウナギにも心地よい環境なのかもしれない。

成熟ウナギ発見

ウナギの繁殖研究史上の最大の発見といってもよい発見は、2008年と2009年の6月に水産庁調査船・開洋丸によって、成熟した雄ウナギや産卵直後の雌ウナギが捕獲されたことであろう。人類が初めて見た、天然で成熟したウナギであった。

前述したように、成熟を開始したウナギは日本でも見つかっていたが、完全に成熟したウナギは初めてであった。この発見は、魚類の繁殖研究を行っている者にとって、多大な情報をもたらした。魚類の繁殖を飼育下で行うためには、天然のウナギの成熟過程やその成熟のしくみの解明が非常に重要である。開洋丸に当研究室の学生を乗船させてもらい、2009年6月に捕獲された雌ウナギを調査する機会に恵まれたことは、ラッキーであった。

これまで、ウナギは何度産卵するのか、どのような卵を産卵するのか、まったく不明であった。そんな中での手探りの人為繁殖技術の開発（第3章3節を参照）を行っていたので、はたして我々が行っていることは正しいことなのか、成熟したウナギを見るまではまったくわからなかった。天然で成熟したウナギの卵巣を見た時に初めてこれらの疑問が氷解し、高原のさわやかな風が身体を吹き抜け、身体が軽くなったような感覚を覚えた。それと同時に、我々が行っていた人為繁殖技術は間違っていなかったのだと確信した。

ウナギの産卵回数は？

自然に成熟して産卵したウナギを観察してわかったことの最大の成果は、ウナギは産卵期間中に何回も産卵する可能性があるということである。ウナギは日本から約２５００㎞の旅のすえ、産卵場に到達し産卵をすると考えられていたので、その後、再び日本に帰ってきて疲れを癒し、再度産卵するとは、考えられなかった。何の根拠もないのであるが、そう信じられていた。

シロサケが生まれ故郷の川に帰ってきて、卵を産む。そのイメージと重なり合っていたのかもしれない。シロサケは、一生に一度だけ産卵し、その後は死んでしまう。テレビなどで、身体にカビが生えたようになって河床に横たわるホッチャレの映像をご覧になった方もいると思う。これと同じイメージで、ウナギも一生に一度だけと考えたのかもしれない。

しかし、自然に成熟して産卵した雌ウナギの卵巣中には、非常に多くの卵母細胞と呼ばれる発達途上の卵が多数発見されたのである。これは何を意味するのか。

シロサケなどでは、一度産卵すると産卵後の卵巣中にこのような発達途上の卵母細胞はまったく見られない。一生に一度の産卵をした後は死んでしまうため、産卵後に卵母細胞を残しておく必要はない。むしろ、一生に一度しか産卵できないのであれば、全ての卵を一度に多く産卵して、多くの子孫を残そうとするのは当たり前のことである。したがって、もしウナギも一生に一度の産卵なのであれば、発達途上の卵母細胞が存在するはずはないのである。したがって、卵巣中に残された卵母細胞の数やその発達段階から、2〜3回産卵する可能性があると推測している。

しかし、一方で、2008年に発見された産卵後相当の日時が経過していると思われる雌ウナギの卵巣中には、まったくといっていいくらい卵のもとになる卵母細胞を発見できなかった。したがって、ウナギは産卵場で2〜3回産卵した後、全ての卵を産卵し、力尽きて死んでしまうのかもしれない。ウナギが日本まで帰って養生し再度産卵に向かうとは思えないので、ウナギは一生に一度の産卵期に、数回産卵して死んでしまうのではないかと推察している。

しかし、北海道大学では人工的に成熟させ、産卵させた雌ウナギを一度淡水中に戻し、餌を与えて体力を回復させて、再度人工的に成熟させて産卵させることに成功した。これは、一度産卵した後に、ウナギはもう一度産卵できるという可能性を示している。ただし、これはあくまでも人為的所作のなせる技と思いたい。約2500㎞の旅の果てに子孫を残すための産卵をして、やせ細った身体（第2章参照）に、もう一度長い旅をさせるのは、あまりにも酷な話ではないだろうか。

なぜウナギは産卵を先延ばしにするのか

産卵後の天然ウナギを捕獲しても、まだわからないことがある。その一つは、なぜ産卵まで長い期間が必要であるかということである。

日本のウナギが成熟を開始して、川からあるいは日本沿岸から産卵場に向かうのは、初冬の11～12月である。だが、産卵場で成熟したウナギが捕獲されたのは、実にその約6カ月後の5～6月である。通常、魚が成熟を開始すると、1～2カ月で産卵期をむかえるのが一般的で、6カ月もの長期間を必要とはしない。

なぜ、ウナギは産卵を先延ばしするのか。

一般的に、魚類は産卵のために成熟を開始すると、成長が鈍る。つまり成長に必要なエネルギーを産卵（卵子や精子形成）に回すため、成長が鈍るのである。ウナギの場合は、成熟を開始すると絶食するうえ、他の魚類とは異なり、産卵場まで2500㎞の旅をしなければならず、そのために多大なエネルギーが必要となるので、まずは、いったん成熟を遅らせているのではないだろうか。

それでは、どのようにして卵や精子をつくるためのエネルギーを温存するのか。少なくとも、日本にいる雌ウナギは、少しではあるが成熟を開始しているので、産卵場に向かっている時はあえてその進行を止める、もしくはゆっくりと進行させているとしか考えられない。

そこで、どのようにすれば、成熟の進行を抑えられるのか、水温の実験をしてみた。雄ウナギに人為的にホルモンを注射して（第3章3節を参照）成熟を促進する時に、10℃という非常に冷たい水で飼育してみたところ、まったく成熟が進行しなかったのである。したがって、水温10℃ではいくらホルモンがあっても成熟は進行しない。

この結果は、強制的にホルモンを与えた時の結果であり、天然のウナギではどうかは不明であるが、ウナギは産卵場に向かう際には非常に冷たい水温域、おそらく400〜500mの水深（このあたりの水深がほぼ10℃である）で、産卵場に向かっているのかもしれない。このような行動は産卵場への2500kmの旅をまっとうするための遊泳と、その後の産卵を成功させるために考えられたエネルギー分配であり、まれに見る過酷な産卵生態を有するウナギの生存戦略なのであろう。

ウナギの正しい産卵行動とは？

もう一つわからないことがある。

いまだに、天然ウナギの産卵行動を見たものはいないということである。誰も見たことがない。しかし、見たことがないのは、あくまで天然ウナギであり、人為的に成熟させたウナギの産卵行動はすでに観察されている。なんだ、わかっているんだ、と思わないでいただきたい。水槽で観察されたウナギの産卵行動が正しいかどうかはわからない。産卵回数がそうであったように、自分たちの成熟促進技術で産卵させたものが正しい産卵行動をするかどうか、真実を確かめたいのである。

ウナギの長い体型からすると、分類上からはウナギとはずいぶん疎遠なので比較するのははばかられるが、体型的にはよく似ているドジョウのような産卵行動をすると想像してもおかしくはないであろう。ドジョウは雄が雌の身体に巻きついて、締めつけると同時に産卵・放精が起こり、受精が行われ

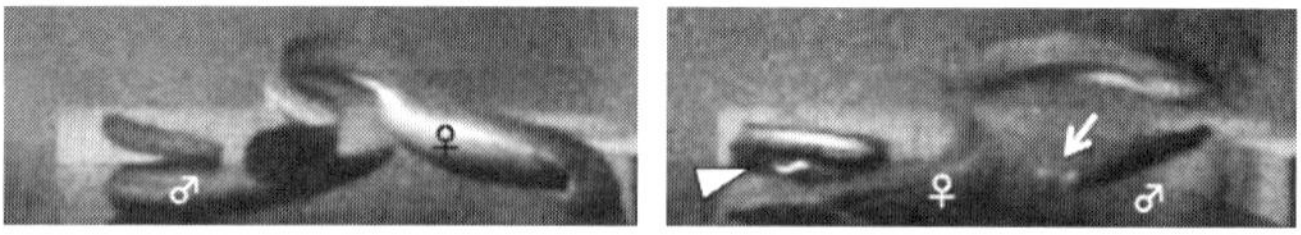

3.10　人為成熟させたウナギの産卵行動。雄ウナギが雌ウナギの排泄孔のあたりに鼻をつけている（左）。水槽の中を行ったり来たりしているうち、雄と雌が行き違う時、放精と放卵が行われる（右）。矢尻は精子、矢印は卵子
（写真提供：増養殖研究所・志布志庁舎）

る。

しかし、水槽で見た人為成熟ウナギの産卵行動は、あまりにもそれらの想像とはほど遠いものであった。雌ウナギは、産卵近くになるとこれまでいた筒（ウナギの飼育には通常、直径が20㎝で長さ80㎝くらいの塩化ビニールの筒を入れておく）から出てきて、水槽の中をふらふらと泳ぐようになる。少なくとも、観察した限りでは、雄は時として雌の排泄孔や鰓に鼻を押しつけて、雌の後を追いかける行動（追尾行動）を見せる（3・10）。

そのうち、雄雌が入り乱れるように水槽内を行き来し、すれ違った瞬間に雄が放精し、その後雌が放卵した。その後、雄雌ともに反転して、放精と放卵を2～3回くり返した。これが正常な産卵行動といえるのかどうか、今はまだわからない。しかし、水槽内では雌1尾に対して、雄3尾を入れて産卵行動を観察したが、天然のウナギの産卵行動が、もし数千尾の群れで行われるとしたら、それは、ウナギの産卵場への長い旅のクライマックスにふさわしい迫力がある光景かもしれない。そして、それを見ることが、私の夢である。

3　ウナギを人工的に成熟させる方法

歴史的な研究成果

これまで自然のウナギの繁殖生態についてお話をしてきたが、繁殖生理に関する多くの情報が得られて研究が進展したのは、つい最近の話である。

謎に包まれたウナギの繁殖生態について、多くの先人がシラスウナギを人工的に生産しようとした1960年代から1970年ごろはほとんど明らかにされていなかった。

そのような中で、1973年、科学雑誌『ネイチャー』に掲載されたウナギの仔魚を人工的に生産したという北海道大学の山本喜一郎・山内皓平の論文は、世間をあっと言わせたばかりではなく、ウナギの種苗生産を、あるいはウナギの繁殖生理・生態を語る上で、歴史上重要な論文となった。山本のウナギの受精卵や仔魚を生産するまでの苦労は、『ウナギの誕生――人工孵化への道』（山本喜一郎著、北海道大学図書刊行会）に詳しいが、この本は研究にかける情熱が伝わってくる名著である。いずれにしても、今から考えると、繁殖生態ばかりではなく、ウナギを含めた魚類の繁殖生理に関する情報もあまり

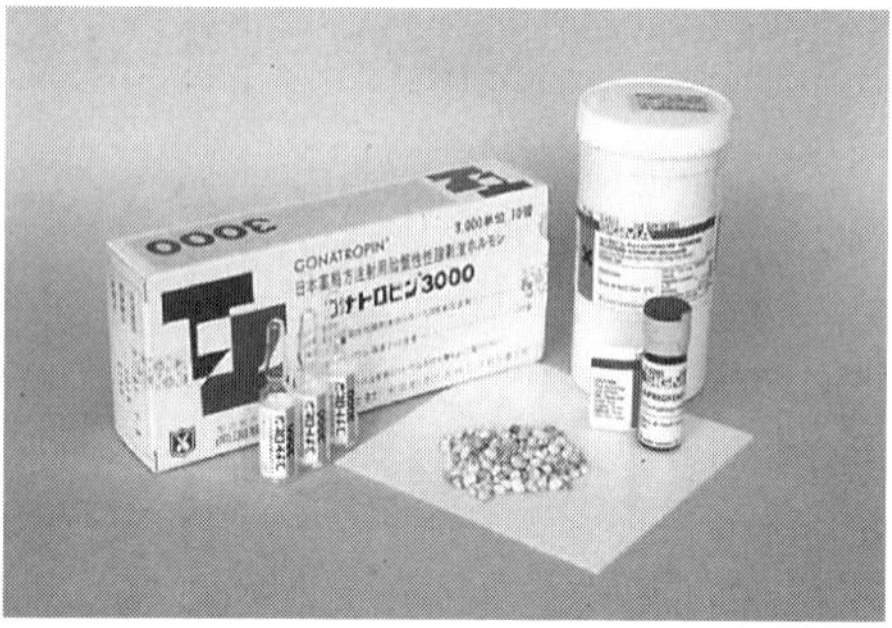

3.11　ウナギの人為成熟誘起に使用されるホルモンの数々。左上から時計回りに、ヒト胎盤性生殖腺刺激ホルモン（hCG）、生殖腺刺激ホルモン放出ホルモン（GnRH）、成熟誘起ステロイド、および乾燥させたサケ脳下垂体

ない中、このような歴史的成果を上げることがいかに大変であったかは容易に想像できる。まさに、ウナギの種苗生産の夜明けを告げる、歴史的な研究成果であった。

当時、私は同大学・水産学部の2年生で、休みになると山登りばかりをしているノーテンキな学生にとっては、つゆ知らずの出来事で、将来その研究室に入り、ウナギが一生の実験動物になるとは、その時はまだ思いもしなかった。さらには、その後山本の手法をもとにしたウナギの種苗生産技術が開発されるまでに何十年もの歳月を要するなんて、多くの研究者は思いもしなかったのではなかろうか。

ウナギを成熟させる魔法の妙薬

前にも述べたように、ウナギを含めて、魚類は自然の環境因子によって成熟がコントロールされている。したがって、ウナギでも飼育下で成熟を促進するような環境を提供してやれば、環境の刺激によって成熟が促進される。

しかし、これまで述べてきたように、ウナギは多様な環境に適応できる能力を持ち、成熟までのいろいろな生育環境、すなわち水深や水温、および物理的に広大な水域などを飼育下で提供することは、不可能に等しい。そこで、後で述べるような成熟した親ウナギを準備するには環境因子の制御によらない方法を考えなければならない。この環境因子の制御によらない方法というのは、魔法の妙薬、ホルモン（3・11）を使用することである。

では、ホルモンとは何か。

それは、体内の情報伝達因子にほかならない。環境因子が制御する、成熟の仲介役と考えたらわかりやすい。つまり、環境因子（光や水温など）は、まず感覚器で受容される。たとえば、光の場合、眼の網膜、松果体《しょうかたい》（第3の眼と呼ばれる器官で、脳の上部にある。夜になるとメラトニンというホルモンが分泌される）もしくは脳自体が受容器として働き、光の情報がメラトニンなどの体内液性情報に変換される。その情報は、どういう経路をとるかは不明であるが、脳の視床下部にある生殖中枢に伝えられる（3・12）。すると、そこでは生殖腺刺激ホルモン放出ホルモン（ＧｎＲＨ）というペプチドホルモンが産生され、これが脳下垂体に作用し、そこで生殖腺刺激ホルモン（ＧＴＨ）の産生を促進する。ＧＴＨは卵巣や精巣に作用して、精子形成や卵子形成に必要なステロイドホルモンの産生を促進する。

このように、物理的な環境因子は、体内情報に変換され、次々と別の体内情報として伝えられ、その結果成熟が進行することになる。いわばホルモンは環境因子から卵子や精子ができるまでの仲立ちをす

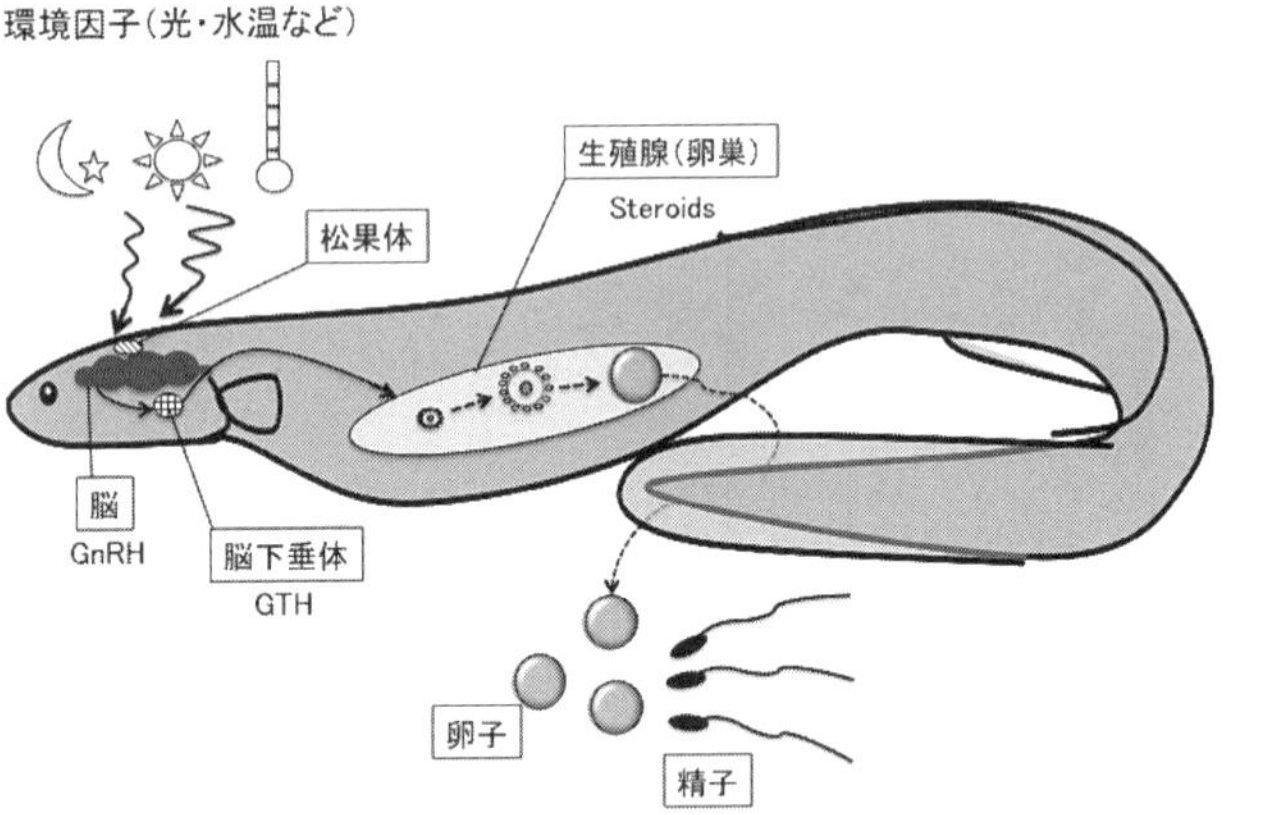

3.12　ウナギの成熟に関わるホルモン。光や水温などの環境因子の情報は、体内の液性情報（ホルモン）に次々と転換されて、最終的に卵や精子の生産を制御することになる

る、体内の情報伝達因子である。したがって、ホルモンは、環境因子では制御不可能な成熟を促進することができる、魔法のような妙薬なのである。

常識では考えられないホルモンの効き目

ウナギの受精卵や仔魚の生産に初めて成功した時に用いたホルモンは、雄ウナギの成熟誘起に使用したヒト胎盤性生殖腺刺激ホルモン（英語の頭文字をとってｈＣＧという、3・11）と、雌ウナギの成熟誘起に使用したシロサケの脳下垂体抽出液であった。といっても、あまりピンとこないかもしれない。ｈＣＧは妊娠初期（妊娠10週目ころが最高値になる）に胎盤で産生されるホルモンで、妊娠の維持に働く。妊娠判定薬として市販されているのは、尿中のｈＣＧを簡易的に検出するものである。つまり、ｈＣＧは人間の女性の胎盤で産生されるホルモンで、それがなんと雄ウナギの精子形成に効果があるのである。

　通常、ホルモンは産生器官あるいは産生細胞から血液中に放出され、それが作用する器官や細胞に到達すると、細胞に存在する受容体に結合して初めて作用を発揮する。ホルモンが鍵で受容体が鍵穴にたとえられるそのしくみは、ホルモンの作用を理解する上で非常に重要で、ホルモンがたくさんあっても、受容体がなければホルモンは作用しないのである。

　学生には、聞く耳を持たなければ、どんな立派な話を聞いても、聞いていないのと同じだよと言うとわかってくれる。この話も、学生がちゃんと聞いてくれているかどうかは疑わしいのであるが。

　通常、hCGのようなタンパク質ホルモンは、特に、受容体に好き嫌いがあって、動物種が違えば受容体にうまく結合できないために、効果がないか、あるいは効果が悪いのである。しかし、このhCGは雄ウナギの成熟に効果があり（詳細については第3章5節を参照）、常識では考えられない効き目がある。

　また、サケ脳下垂体抽出液は、タンパク質ホルモンには変わりなく、魚種が異なるために、受容体の相性からいっても効果的でないと、常識では考えてしまう。しかし、これがなんと雌ウナギの卵の成長に、実によく効くのである。

　山本のこうしたホルモンの使用は、現在もずっとウナギの人為成熟誘起に使われつづけており、常識を超えたその使用方法はまさに、時代を超えても残る技術である。ところで、このサケ脳下垂体抽出液を用いることには、実は北海道大学ならではの事情もある。

サケ脳下垂体を集めろ

雌ウナギの成熟誘起にサケ脳下垂体抽出液を用いたことは、山本が受精卵を得ることのできた重要なポイントである。サケ脳下垂体抽出液を用いることによって、これまで大変だった雌ウナギの卵の成長を容易に促進することができるようになった。サケ脳下垂体の乾燥したもの（3・11）を、生理食塩水中ですりつぶして、遠心分離後その上澄み（抽出液）を用いるのである。

ところで、脳下垂体という器官をご存じであろうか（3・12）。脳（正確には視床下部）の下に下垂している器官で、生殖腺刺激ホルモンを産生する。人間にも、脳下垂体はもちろん存在する。上顎の奥を指で探っていくと柔らかくなる部分があり、その上方、脳の直下にあるラトケ嚢《のう》という骨のくぼみに存在している器官である。魚でも同様の位置にある。

この器官は、生殖腺刺激ホルモンばかりではなく、種々のホルモンを放出するので、名前を出せば一度は聞いたことのあるホルモンもあるのではなかろうか。たとえば、成長ホルモンがそうであり、また甲状腺刺激ホルモンであり、ヒトでは乳汁分泌に作用するプロラクチンであったりする。したがって、脳下垂体抽出液は、実は、生殖腺刺激ホルモンばかりではなく、これらいろいろなホルモンを含んでおり、生殖腺刺激ホルモン以外のホルモンがどのように雌ウナギの成熟に効果的であるのかは、実際のところわかっていない。あまり科学的ではないが、卵の成長には効果絶大であるので、今もずっと使われつづけているのである。

雌ウナギの成熟誘起に効果のあるサケ脳下垂体は、学生の数にものをいわせた人海戦術により、身近に手に入るシロサケから採集されていた。当時の私の出身講座は、4年生から博士課程、さらには博士課程の年月を終了しても博士論文ができあがらないオーバードクターまで、野球のチームが二つ以上できるくらい学生が在籍していた。自分の研究テーマにウナギを使っても使わなくても、ウナギ研究の手伝いや、サケ脳下垂体の採集はほとんど義務であり、私もこのメンバーに入れられて、サケ脳下垂体を集めろ、の号令のもと出かけていっていたのである。

卵の黄身の役割

学生時代に苦労して採集したシロサケの脳下垂体は、今では業者に委託して採取してもらったものを購入することができる。凍えた手で血まみれになりながら採取しなくてもよくなった。そのサケ脳下垂体抽出液を毎週1回、連続して注射すると、卵の成長が促進され、小さかった卵（直径約200〜300µm）の卵径がだんだんと増加する（3・13）。これは、サケ脳下垂体抽出液により、卵黄物質が卵に取り込まれたことにほかならない。肝臓でつくられた卵黄タンパク質前駆体が、卵に蓄積されることにより卵径が増加し、卵が成長するのである。

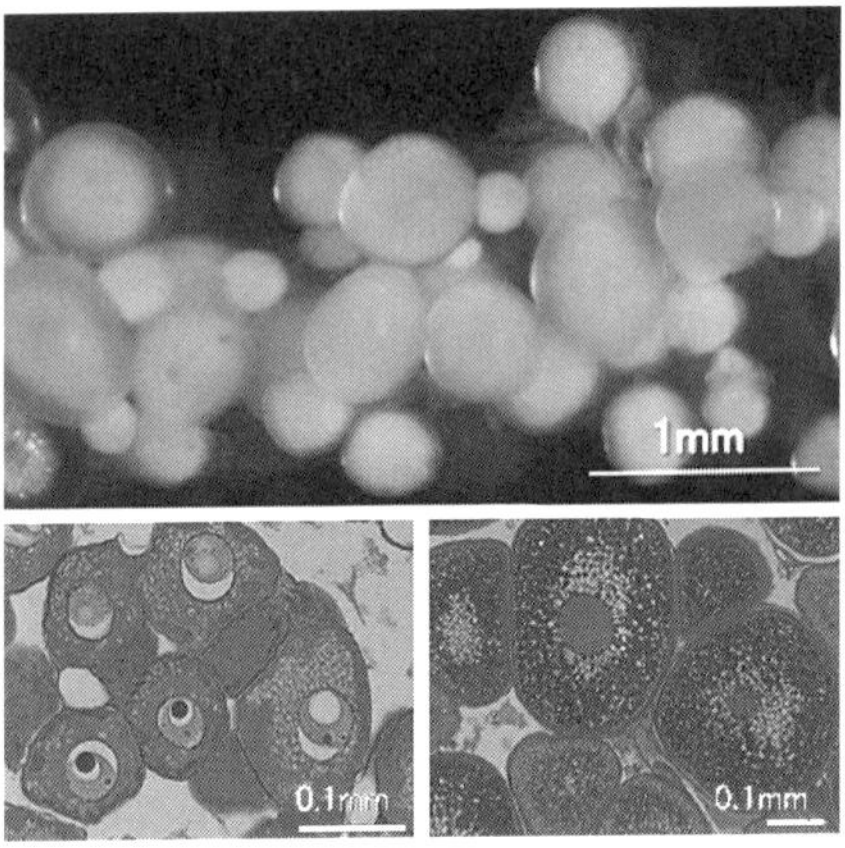

3.13　サケ脳下垂体抽出液を注射して成長したウナギの卵。毎週１回の注射を10〜15回行った。いろいろな卵径の卵が存在している（上）。注射前の卵には卵黄物質の蓄積は見られないが（左下）、注射をくり返すと卵黄物質（黒く見える粒）が蓄積されて、卵径が増大する（右下）

ニワトリの卵にたとえるならば、黄身に当たるのが、この卵黄物質である。胎盤を持たない動物、たとえばカエルなどの両生類、ヘビやトカゲなどのは虫類、ニワトリやハトなどの鳥類は、産み出された卵の栄養（卵の黄身）を使って、胚発生が進むのである。ウナギは、その他多くの魚類と同様に、この卵黄物質をアミノ酸まで分解し、それらを栄養源として胚発生が進行する。そのため、ウナギにとって卵黄物質の蓄積は、卵の中での胚発生や、孵化してからの生育になくてはならない物質である。サケ脳下垂体抽出液の注射は、卵の発生に重要な物質の蓄積を促進するための、重要な成熟促進法なのである。

サケ脳下垂体抽出液は万能ではなかった

このように、サケ脳下垂体抽出液は、多少の手間を惜しまず、毎週1回、合計10〜15週間連続して注射すると、卵黄物質を蓄積して卵径が増大し、充分な大きさに成長する。世界で初めてウナギの人工孵化に成功した山本の時代から、40年近く使われつづけた方法である。しかしである。この方法には重大な欠点があった。

学生時代、毎朝早く学校に出てきて、ウナギの産卵の有無を確かめる。しかし、たいていの場合はガッカリする結果になってしまう。熱心に朝早く通い詰めても、雌ウナギは産卵してくれないのである。そもそも、当時実験に使用する雌ウナギの多くは、青森県の小川原湖で捕れる天然ウナギを親魚として使っていた。このウナギを受け取りに行き、何カ月間もサケ脳下垂体抽出液を注射しつづけ、やっと産卵にこぎ着けた結果が、産みませんでしたというのは、とてもむなしい努力のように感じていた。さらに、前述したようなサケ脳下垂体抽出液の採集も含めると、その仕事量は相当のものであり、その労力が大きいほど産卵を期待するのも当然である。

合計4年間を研究室で過ごし、その間毎年50~100尾程度の雌ウナギを使って、ほとんど産卵に出会うことはなかった。サケ脳下垂体抽出液は卵の成長を促進させても、産卵は難しいのだと実感した。万能薬はすぐ手に入るものではなかった。

試験管の中の卵

フェニールレッドで赤くなった細胞培養液の中に、ウナギの白っぽい卵が沈んでいる。実体顕微鏡で下から光を当てると周辺部が透明にすけ、中心部が黒く見える（3・14）。注射針を改造した柄つき針で

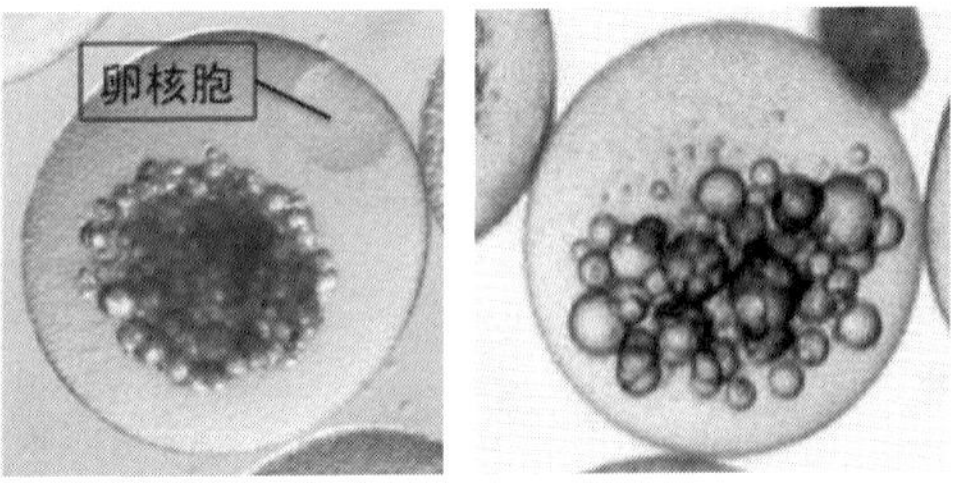

3.14　ウナギの卵成熟（卵成熟誘起ステロイドにより、卵核胞が消失し成熟して、受精可能となった卵〈右〉。未熟な卵〈左〉は卵核胞が残っている。卵の中央に見える粒は、油球）

慎重にゆっくりとひっくり返し、動物極にある卵門（精子が入る孔）の方向を見入る。これにもない。

実体顕微鏡を覗きながら次々とひっくり返す。卵の卵門付近にあった卵核胞と呼ばれる卵の核がなくなっている。これはいいかもしれない。試験管の中でウナギの卵が成熟した瞬間であった。

観察中の卵は、12時間前にウナギのお腹を5㎜ほどメスで切開し（3・15）、体内から取り出したものである。800〜900㎛の卵は、20℃に制御された培養器の中で、卵成熟誘起ホルモン入りの培養液で培養されていた。比較対照となる、コントロールと呼ばれるホルモンの入っていない培養液で培養されたものは、12時間前と同様に、核が残ったままである。

これは何を意味しているのか。卵成熟誘起ステロイドによって、卵の核が消失すること、つまり、卵の成熟が完了した（受精可能になる）ことを示しているのである（3・14）。さらに、その3時間後、培養を開始して15時間後、動的で劇的な変化が起こる。排卵である（3・16）。これまで着ていた洋服を脱ぎ捨てるように、卵が濾胞から

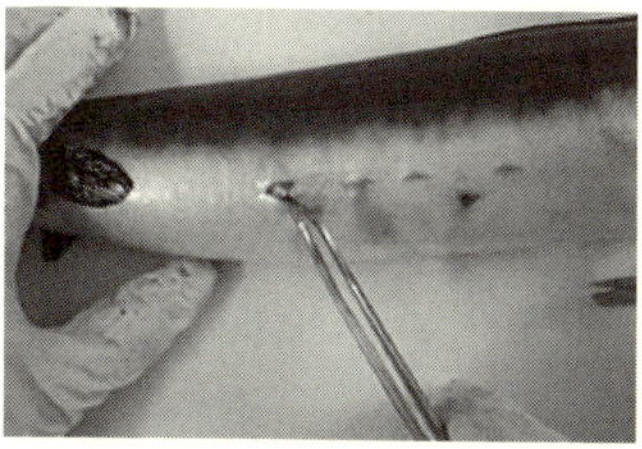

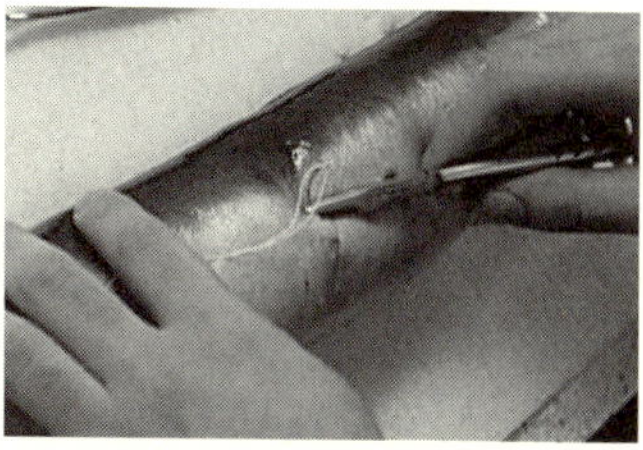

3.15　お腹を切って、卵巣の一部を取り出しているところ。ウナギは手術に強く、何度もお腹を切開して、卵巣を取り出し卵の成長をチェックする（左）ことや卵巣のサンプルを採取することが可能だ。切開した後は、縫合する（右）

次々と出てくる。

実体顕微鏡下で起こる30分間ほどの排卵のショーは、卵成熟誘起ホルモンがウナギの卵成熟と排卵の両方を引き起こすこと、これを用いると、ウナギの産卵誘起ができるのだと確信するのに充分であった。前にも述べたように、ウナギの卵の成長は、サケ脳下垂体抽出液を毎週1回投与することにより、容易に引き起こすことができる。しかし、その後、サケ脳下垂体抽出液を投与し続けても、産卵はまれであった。この試験管内での実験は、北海道大学の山本が世界で初めて受精卵を得てから20数年間を経て、確実に受精可能な卵を産卵させるためのヒントを示してくれた。これで、学生時代の悔しさやむなしさをはらすことができると確信した。

しかし、なぜ、そんな簡単なことがわかるまでに時間がかかったのか。

この研究は何の役に立つ？

それは、培養に用いた卵成熟誘起ステロイドに関する研究がなかっ

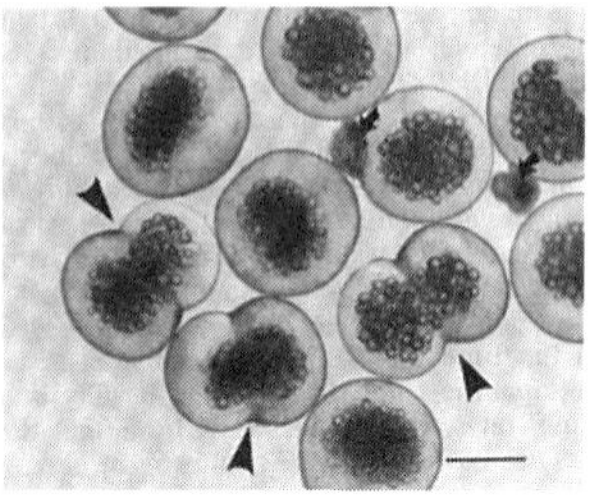

3.16　試験管内で排卵しているウナギの卵。卵成熟誘起ステロイドによって顕微鏡下で短時間に一斉に排卵が起こるのを見ることに感動を覚えた。矢尻は、卵がひょうたんのようになり排卵されているところ

たからにほかならない。

北海道大学でウナギの受精卵が得られた１９７０年代には、まだ卵成熟誘起ステロイドに関する基礎的な知見はほとんどなかったのである。いや、魚の繁殖に関する基礎的な知見、すなわち、いつ、どのようなホルモンが、どのように作用して卵子が形成されるのかに関する具体的な知見がほとんどなかったといっていいかもしれない。むしろ、それまで行われていた魚類の繁殖生理学的な研究は、このウナギの受精卵が初めて得られたことにより、その後急激に多くの研究が行われるようになったといっても過言ではない。

それらの基礎研究にはウナギを用いたのではなく、サケ科魚類であったり、キンギョであったり、さらにはマダイなどを実験魚として使っていた。ウナギとは異なる魚種を用いて行われたこれらの基礎研究が、ウナギの受精卵を得るために活かされたのである。

ここで私は再び、長濱嘉孝のことを記録しておかなければならない。私の恩師でもある長濱は、ウナギの卵成熟・排卵誘起に卵成熟誘起ステロイドを使用する何年も前に、すでにこのステロイドホルモンがサケ科魚類の卵成熟誘起ステロイドであることを、世界で初めて証明していたのである。

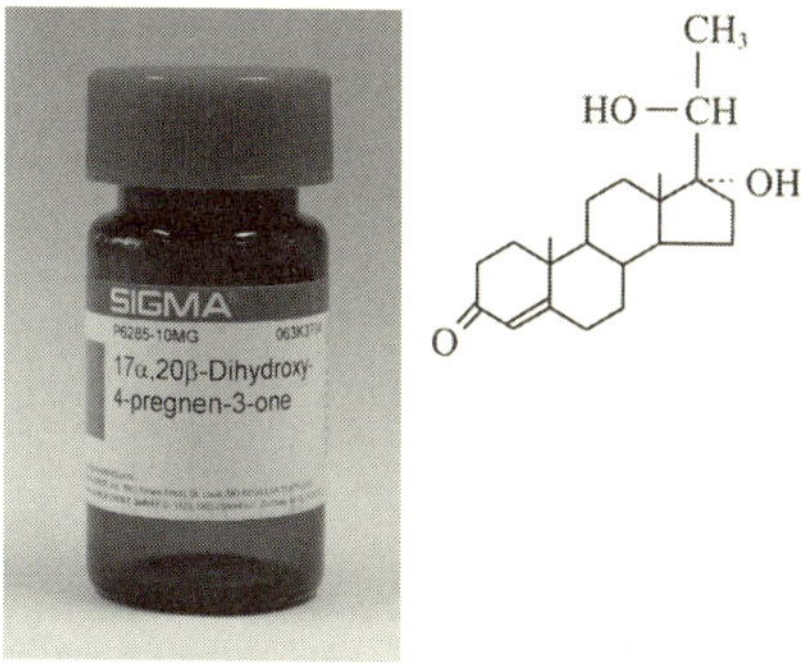

3.17　卵成熟誘起ステロイドの市販品とその化学構造。このステロイドホルモンのおかげで、確実に成熟・排卵を誘起できるようになった。基礎研究の賜物である

その当時、長濱の研究室には、足立伸次（当時は研究室の技官）が在籍しており、足立はその博士論文の中でサケ科魚類の卵成熟誘起ステロイドが17、20β—ジヒドロキシプロゲステロン（3・17）であることを同定した。これまでに魚類繁殖研究の進展により、分子や遺伝子のレベルでの基礎研究の成果が次々と発表されてはいるが、卵成熟誘起ステロイドの同定は、まさに分子や遺伝子レベルで繁殖現象を理解する先駆けとなった。

このような基礎研究は、応用を意識したものではなく、生物現象をいかに細かく正確に理解するかに重点が置かれていた。よく、「この研究は何の役に立つのですか？」と聞かれることが多い。実際、基礎研究を行っている研究者が、自分の研究がどのようなことに応用できるかについて考えることはあっても、実行することはあまりない。

応用研究と基礎研究の間には相当のギャップがある場合が多く、その成果を応用に結びつけるには、充分に熟成され、

発酵し、さらには咀嚼《そしゃく》され、理解されるための時間が必要である。生物現象を理解し、それを応用に結びつけるには、それなりの時間と努力が必要なのである。そして、そのような基礎的知見、それ自体では応用という輝かしい宝石にはならない原石（応用にとっての原石という意味で、基礎研究はそれ自体ですばらしい宝石であることを、一言つけ加えておいた方が誤解がない）があちらこちらにたくさんあることは、応用を目指す科学者の想像力をかき立て、豊かなアイデアを引き出させることにほかならない。山は、すそ野が広いほどそびえるのである。

4　雌の成熟

ウナギの卵は水っぽい

「先輩、この炒り卵、水っぽくて、うまくないですよ」

学生時代在籍していた北海道大学の研究室では、実験に天然の下りウナギを用いる都合上、正月をまたいで行われることが毎年の恒例となっていた。今から思えば、正月に里帰りもしない親不孝者だったと思うが、研究室で過ごす正月も家族的であるという点では、里帰りに勝るものがあった。

暖かい研究室でのんびりと食事をつくって食べるのもいいもので、その時は先輩がウナギの料理をしてくれた。それが、炒り卵であった。こんなのは、世界広しといえど、ここでしか食べられないからね、と言われて箸をつけたのが、あまりにも水っぽくてお世辞にもおいしいと言えなかった。産卵に失敗した雌ウナギの腹いっぱい詰まった卵を食べようと試みたのである。さすがに、ウナギの卵だけではと思ったのか、ニワトリの卵と混ぜ合わせた炒り卵は、水っぽかった。

なぜ、ウナギの卵は水っぽいのか。それは、卵が水を吸っているからだと科学的に証明できたのは、

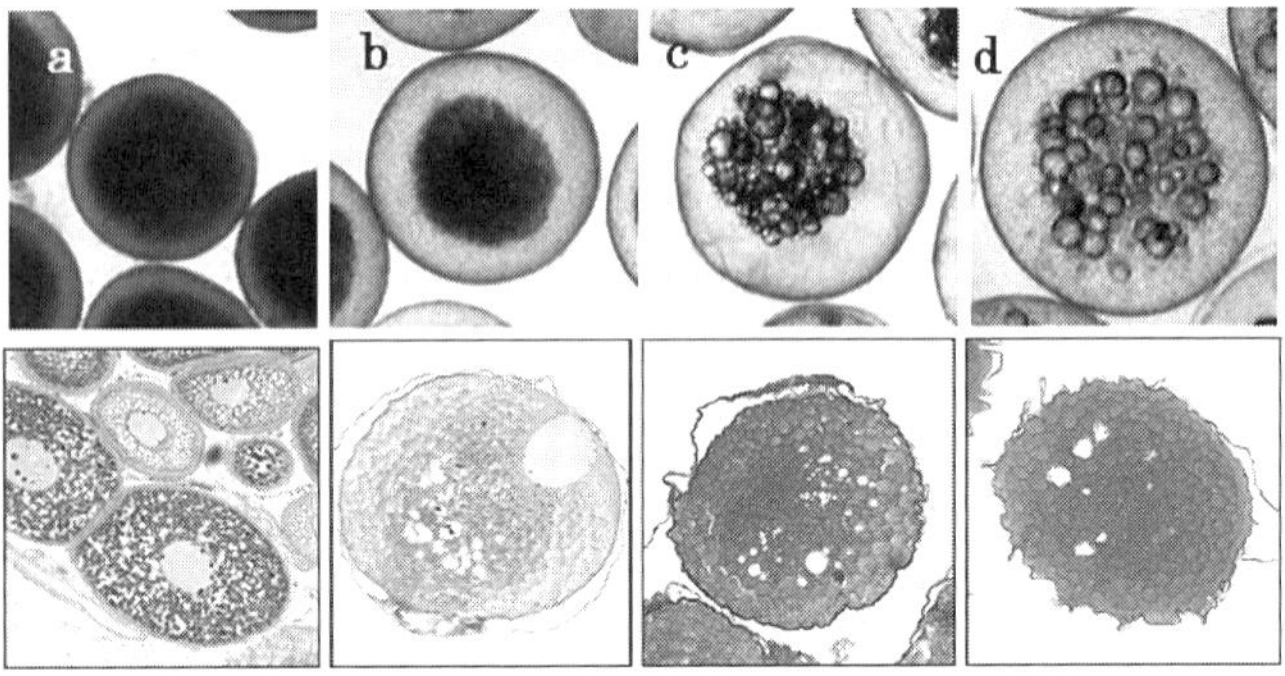

3.18　ウナギ卵の吸水過程。卵が成熟する過程（受精可能になる過程）で、急激な吸水により卵径が増加する。この吸水は、卵の浮遊性の獲得や胚の発生になくてはならない重要な現象である。a から d に向かって卵径が増大する（上段）。下段はそれぞれの卵の組織切片

つい最近のことである。サケ脳下垂体抽出液の注射で充分に成長した卵は、成熟・排卵という過程を経て、やっと受精可能になって産卵される。この成熟・排卵という過程で、卵が水を吸うのである（3・18）。

これら一連の過程は、受精後の発生や生き残りに非常に重要な生命現象である。この吸水現象は、4～5日間に起こる急激な変化で、これを可能にしているのが、アクアポリンという膜タンパク質である。このかわいらしい名前のタンパク質は、卵成熟期になると卵細胞内から卵細胞膜上に移動してきて、細胞膜に水の通る孔をつくる。アクアポリンが水チャンネルといわれるゆえんで、卵へのスムースな水の流入を可能にする。

しかし、水チャンネルの存在だけでは、水は卵の中に移動してこない。ナメクジに塩をかけて身体のまわりの浸透圧が高まることで、ナメクジの身体から水が吸い出されるように、卵の中の浸透圧が高まることにより、水チャンネ

ルを通して水が卵に進入するのである。卵の中の浸透圧を上げる物質、ナメクジの塩に相当する物質が、遊離アミノ酸である。この遊離アミノ酸は、これまで卵の成長のために蓄積された卵黄物質が分解されたものにほかならない。この分解された遊離アミノ酸は、受精後の発生や発育にも利用されるというから、ウナギは後々の卵の運命を充分考えた上で、このような巧妙なしくみを生存戦略に取り入れたものである。かくして、水っぽい卵はウナギの生存のためにあり、人間の食欲を満たすためのものではなかった。

水に浮かぶウナギの卵

なぜ、ウナギの卵は水を吸うのか。卵黄タンパク質の研究を行っている松原孝博によると、卵を海水に浮かべるためであるらしい。卵が水を吸って比重が軽くなり、卵が海水中に浮かぶ。正確にはほぼ海水と同じ程度の比重になるのである。ウナギの卵は1粒1粒がばらばらに分散されて産卵される。このような卵を分離浮性卵という。よく名前を聞く海産魚類、ヒラメ、マダイ、ブリ、カンパチ、マグロなどなど、多くの魚類がこのような卵を産み、卵を海流に乗せて広い海原にまき散らすことによって、生存率を高めるという生存戦略をとっているのである。

逆に、水に沈むような卵を産む魚として知られているシロサケやベニザケといったサケ科魚類は、川底を掘って産卵し、卵が拡散しないようにしている。さらに、産卵した卵が確実にその場にとどまるようなしくみを発達させたのが、粘着卵という接着剤のついた、あるいは紐のついた卵を産むアユ、ニシン、メダカなどである。ウナギは、広い海洋に多くの卵をまき散らし、その運命を海流や風にまかせた。考えようによっては、環境まかせの方法を生存戦略としてとったのである。産み出した卵を環境にまかせることが、長いウナギの進化の過程で編み出された生存戦略にほかならない。

都合よくはいかないのがウナギ

卵成熟誘起ステロイドは、確実に、そして正確に、ウナギの卵成熟・排卵ばかりではなく吸水を誘導することができる。細かい話をすると話がややこしくなるのでここでは述べないが、ほぼ毎日雌ウナギから卵を採集し卵の状態を観察し、いつサケ脳下垂体抽出液や卵成熟誘起ステロイドの注射などをすればよいかを決定する。実に手間がかかるのだが、その細かな気遣いこそが、ウナギの産卵を可能にしているといっても過言ではない。

つまり、1尾1尾の雌ウナギの卵の状態に合わせて、ホルモン注射を行う作業である。そして、かつてとは比べものにならないくらい確実に、卵成熟誘起ステロイドを注射して12〜18時間後に産卵した卵を得ることが可能となった。毎日早朝に産卵を確かめるたびに感じたあのむなしさを味わうことはなくなったのである。こうして得られた卵は、成熟した精子と人工授精をすることにより（第3章6節を参照）、受精卵を確実に得ることができるようになった。

3.19　増養殖研究所志布志庁舎とそのスタッフ。誘発産卵法を用いて、世界で初めて完全養殖を成し遂げた

さらに、最後のホルモン処理をして、雄ウナギと雌ウナギを同じ水槽に入れて産卵させる「誘発産卵法」を、増養殖研究所ウナギ量産研究グループが開発した（3・19）。これまで用いていた人工授精を用いる方法では、雌からの採卵、雄からの採精、人工授精と手間がかかっていた。一方、誘発産卵させる方法は、朝、水槽に設置した採卵用のネットを上げるだけで受精卵を回収できるようになった。また、採れる卵の質（受精率や孵化率）もよいのである。

40年前の最初に開発された技術から格段によくなった方法に、今さらながら、ウナギの成熟誘起の長い歴史を感じずにはいられない、などと感傷的なことをいっている場合ではない。卵成熟誘起ステロイドを使う正確・確実な方法も、実は今のところ制御不可能な欠点がある。マニュアルに沿って同じようにホルモン処理をしても、雌の親魚によって卵の質がよかったり、悪かったりするのである。いくら、個々の雌ウナギの卵の状態を見ながら行っている精緻きわまる方法でも、どうもウナギにとっては同じ処理ではないらしい。卵径や卵の形態をもとに同じ処理をしても、ある雌ウナギは100%近い受精率や孵化率を示すが、かたや別の雌ウナギでは、受精率が10%にも満たないのである。人間の都合に合わせて行うホルモン処理には限界があるように思う。人の都合よくいかないのがウナギであり、生き物なのだ。

世界に誇る日本の技術

このような精緻な成熟誘起方法を用いているのは、ウナギだけである。魚類の人為催熟技術に関する報告は、あまた存在する。しかし、これほど長期間にわたってホルモン注射をくり返し、最後には卵の状態をモニターしながら、卵成熟誘起ステロイド処理をするなど、ウナギ以外では行われていない。

多くの魚類では、卵が充分に成長して大きくなった後、卵の成熟や排卵のみを制御するために行われる短期間の、そして多くても数回のホルモン注射で、ことは足りるのである。どうしてウナギだけがそのような長期間にわたってホルモン注射をしなければならないかは、前述したように、親魚として使えるウナギは、みんなどれも性的に未熟で、卵の成長から成熟・排卵までの過程を（あるいは精子形成の全ての段階を）人為的にコントロールしなければならないからである。

これほど長期間の緻密な人為催熟技術は、日本が世界に誇れる優れた技術を有しているからであり、現在ヨーロッパウナギでも同様の方法を確立しようとしているが、なかなか完成していないのが現状である。

怠慢が生んだ技術

ウナギだからこそできた毎週1回の注射と産卵誘導のために1週間に何度も行う卵巣摘出と注射は、人にとってはとても手間がかかり、それなりの労働量を必要とする。処理するウナギの数が多ければ多いほど、大変な作業だ。ウナギの方も、ハンドリングストレスに強いとはいうものの、やはり余分なストレスはない方がいいに決まっている。

そういう人間の都合とウナギの体調を考えて、なるべく手間をかけずに、ストレスのない方法がないものかと考えた。毎週1回の麻酔、体重測定、注射などの回数を減らすことができればいいのではないか。要するに面倒なことに手間をかけたくないという、怠慢な研究者の発想かもしれない。

実は、同じことを考える研究者は昔から多くいたようで、ステロイドホルモンをシリコンに封じ込めて投与する方法はすでにヒトで用いられており、魚類でも、ペプチドホルモンをコレステロールや生物分解可能なポリマーに混ぜ込んで、ペレット状にして投与する方法などが考えられてきた（3・20）。いずれも、ホルモンがゆっくりと長期間にわたって放出されることが特徴で、手間やストレスを減らすことが可能な方法である。

しかし、これまでタンパク質ホルモン（サケ脳下垂体抽出液）をこのような方法で投与したことは報

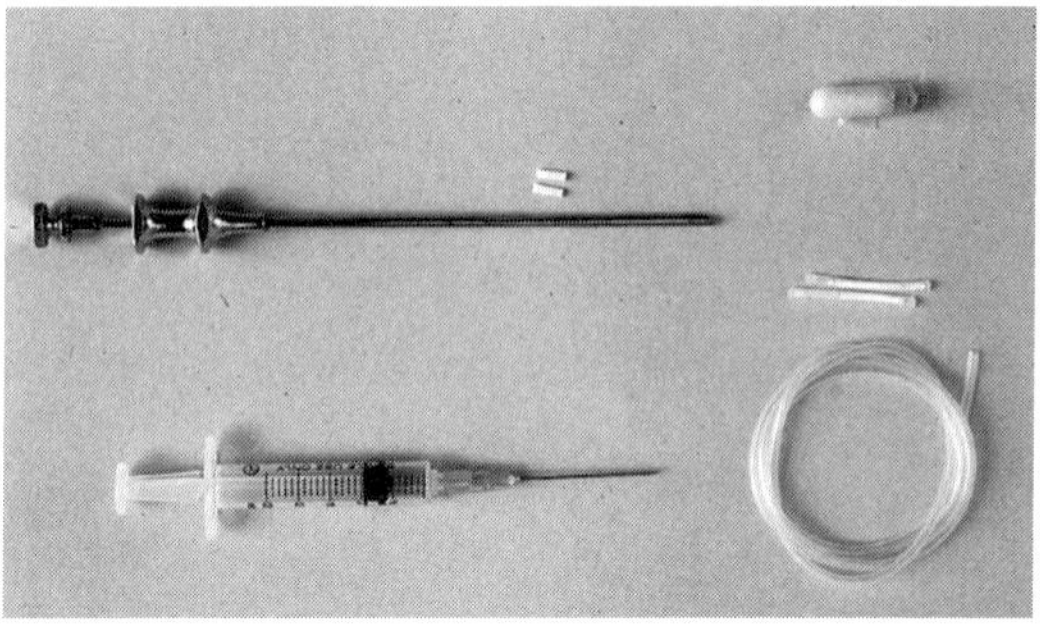

3.20　魚の成熟に用いられるホルモン投与器具。左下から時計まわりに、注射器、ホルモンを長期間ゆっくり投与するためのコレステロールペレットとその投与針、オスモティックポンプ、シリコンチューブに詰めたステロイドホルモン

告されておらず、しかもサケ脳下垂体抽出液の注射量は多量で、常識的な方法では投与不可能だと思われた。しかし、科学材料の多彩さは、ほんの少しの手間で、サケ脳下垂体抽出液の長期間投与を可能にした。その名も、オスモティックポンプという、薬品投与デバイスである（3・21）。

もともと、実験動物用に開発された直径8㎜、長さ25㎜の小さな容器は非常に優れもので、体内に埋め込むと体液の水分を吸収し、その内部にあるホルモン溶液をゆっくりと体内へ押し出す。1日に押し出す量はなんと5μℓ（1000分の5㎖）という非常に少ない量なので、小さい容器の全量が放出されるまでには、おおよそ50日程度かかる。その結果、長期間の投与が可能になる。注射するサケ脳下垂体抽出液をかなり濃縮しなければならないが、その手間を惜しまなければ、6～7週間、ウナギも人もストレスなく過ごせる、まさに面倒なことが嫌いな研究者が生んだ新技術なのである（3・22）。

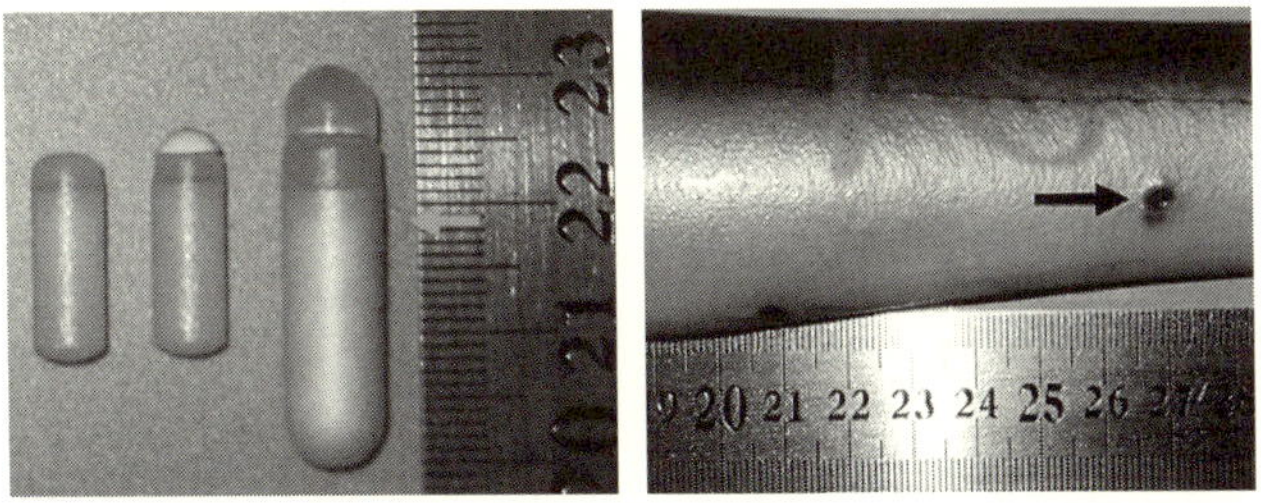

3.21　オスモティックポンプ。1日5μℓというわずかな溶液を50日間も放出しつづける優れもの（左）。お腹を一部（5mmほど）切開して、移植する（右、矢印は切開した部分を示す）

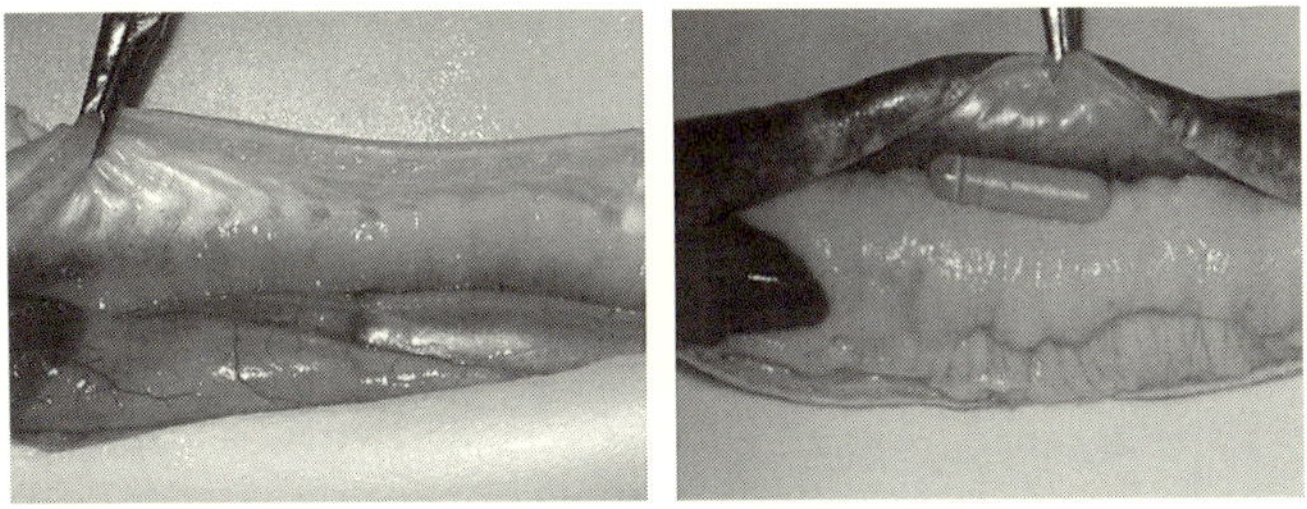

3.22　オスモティックポンプを埋め込んで成熟した雌ウナギ。ウナギへのストレスと人の労力軽減という発想が生んだ新技術。未熟だった卵巣が（左）、肥大してお腹のほとんどのスペースを埋めるくらいに成長している（右）

厳格な研究者の技術

世界に冠たる雌ウナギの成熟誘起技術の開発は、一つの問題点を残して最終段階に入ってきたといってもいいかもしれない。それは、雌ウナギから得られる卵は、個体によってその卵質（受精率や孵化率など）がばらつくので、計画的に大量のシラスウナギをつくろうとした時、大きな問題になるのである。

この問題点の原因の一つは、雌ウナギの成熟に使用しているサケ脳下垂体抽出液ではないかと考えられる。サケ脳下垂体抽出液は、ウナギ自身のホルモンではなく、前述したように各種のホルモンを含んだ溶液で、それがどのように作用しているのかについては、あまり考慮されていない。あまりにも非科学的であるが、信仰のように信じられ、使われつづけてきたところに問題点があったのかもしれないが、それほどにこの抽出液が効果的であったことは事実である。その信仰にも似た投与方法に対して、そろそろ考え直さなければならないところまできたのである。

これまでの魚類で行われた多くの卵子形成に関する研究は、脳下垂体から放出される生殖腺刺激ホルモン（GTH）には2種類あり、これらが協調して作用することにより卵子を成長させ、成熟させ、排卵させることを明らかにしてきた。そこで、厳格な、そして手間を惜しまない研究者、風藤行紀《かぜとうゆきのり》（増養殖研究所）は考えた。人の手でウナギのGTHをつくり、これを投与すれば、卵質のよい受精卵が得られるのではないかと。

しかし、GTHは糖がたくさんついたタンパク質ホルモンであり、そうそう簡単には合成できない。さらに、多くの研究費を必要とする遺伝子工学的な研究分野でもある。彼が考えたのは、ヒトの培養細胞にウナギの2種類のGTHをつくらせようというものである。そんなことまでできるのが現代の科学であり、皮膚からiPS細胞（人工多機能性幹細胞、身体のさまざまな細胞へと分化する能力を持った細胞）を作成するなど、かつては常識では考えられなかったことが可能になるのである。

このような革新的な考えやそれを実行する能力は、多くの場合、将来が無限にあると信じているか、時間のことを気にしない、若い研究者に備わっていることが多いのではないかと、年をとった研究者は考えてしまう。手間を惜しまず作成された人工のウナギのホルモンは、すでにウナギの成熟に効果があると確かめられているので、将来、これらのホルモンを使って、厳格に管理された成熟誘起技術の開発が大いに期待できるのである。科学は、時として手間を必要とし、一見回り道に見えることもあるが、しかし確実に、夢の実現への近道を歩いているのかもしれない。

夢のゆくえ

先日、梅雨の最後のような雷雨の中を、一足早くウナギを食べに行った。当地宮崎県は全国で3番目に養殖ウナギの生産量が多く、土地柄、うなぎ屋も多い土地柄である。東京などと比べると、格段に安

3.23　ウナギのあらい。醤油に漬けて食べる。宮崎独特の甘い醤油に、ウナギのうまみがよく合い、しこしことした食感が独特である。決して生臭くない

価でおいしいウナギを食べることができる。また、他ではお目にかかったことのない、ウナギのあらい（3・23）や刺身などもあるので、宮崎県に来る機会があれば、是非ウナギを召し上がっていただきたい。店によっては、「ごじる」という大豆を砕いた具を入れた一風変わった味噌汁を肝吸いの代わりに出すところもあるので、こちらも食していただきたい。

ところで、行きつけのうなぎ屋は今年の夏は休まず営業すると張り紙があり、この2～3年のウナギの仕入れ値の上昇をうな重の価格に上乗せしないように頑張っているらしい。40年来の継続的な研究の結果、比較的安定して受精卵が採れるようになったし、完全養殖の技術も確立することができた（第4章参照）。

しかし、これらの技術が、うな重の安値安定にまで到達するには、もう少し時間が必要だ。日本人のウナギ好きが高じて長年継続してきた研究は、昔語った夢が現実のものとなり、それが過去のことになろうとしている。研究者は欲深いもので、一つの夢が終わっても、そのつづきを見たいと思うのである。もう少しで手

の届くところまで来ている技術を、何とか完成させたい。

そのためには、ウナギの成熟にとって心地よい環境を提供し、自然に産卵させたい、そんな夢を見るのである。万能薬のホルモン注射による成熟誘起方法は、限界に達しているのではないかと感じている。

ドメスティケーションという言葉がある。家畜化ならぬ、家魚化と訳す。完全養殖の技術を使って、水槽の中で何世代もの間、飼育を続けると、飼育環境に適応し、その環境を受け入れて、飼育下でも成熟をする個体が出現するに違いない。孵化から2年半で1世代とすれば、おそらく5世代（12～13年）で産卵する個体が出現するかもしれない。もっとかかるかもしれない。しかし、私にはそれを待つほどの研究人生は残されていないので、もう少し環境と成熟という原点に立ち返って研究をし、夢の続きを見たいと思っている。水温、光、餌、隠れ家などの環境因子を調節して、ホルモンに頼らない成熟誘起方法を確立したいと思っている。

「おいしいね、大将。このウナギ、どこ産？」

「あっそう。日本産のシラスウナギを使っているの。時代は進んだね」

などという会話を楽しみたいのだ。

5 雄の成熟

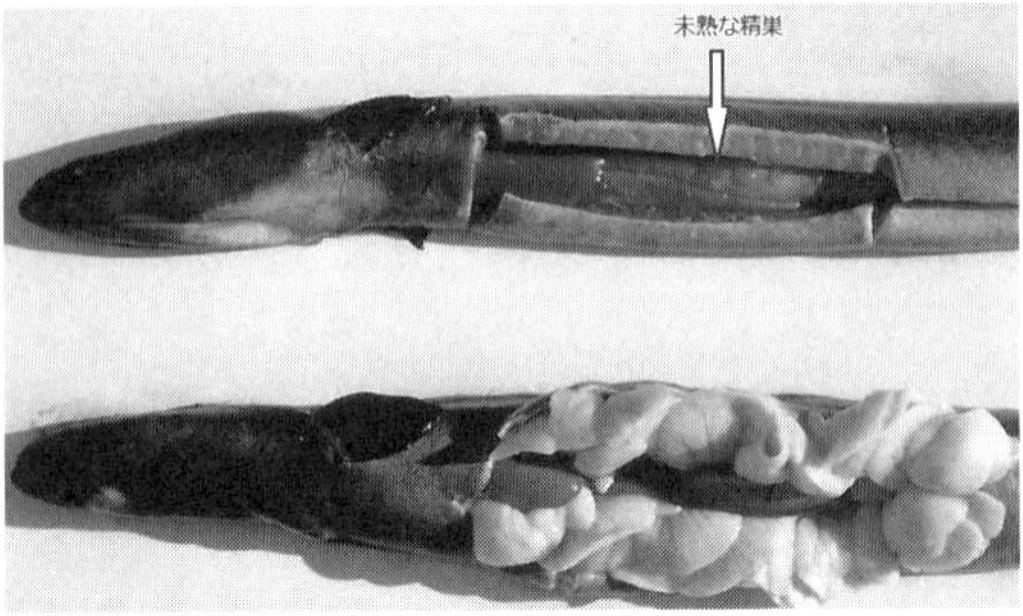

3.24　ホルモン投与前（上）と投与10回後（下）の雄ウナギの精巣

ウナギの精巣

成熟したウナギの生殖腺は長くて大きい。といっても、我々がウナギの卵巣や精巣を見るチャンスがあるのは、職人さんがさばいている腹部を覗いた時くらいなものであろう。

養殖したウナギの生殖腺はいずれも未熟で小さく、どこに生殖腺があるのかさえ判別するのは困難である。蒲焼きサイズ（魚体重はおよそ200g）の雄ウナギの腹を開くと、体腔の背側に左右一対の淡いピンク色をしたヒダがポツポツと全長の60％程度の長さで認められる（3・24）。そのヒダの幅は大きい部分でも5㎜ほどしかなく、「これが精巣」と示されない限り、その存在に気づくことはない。ところが、3・24の下の、白いヒダがはち切れ

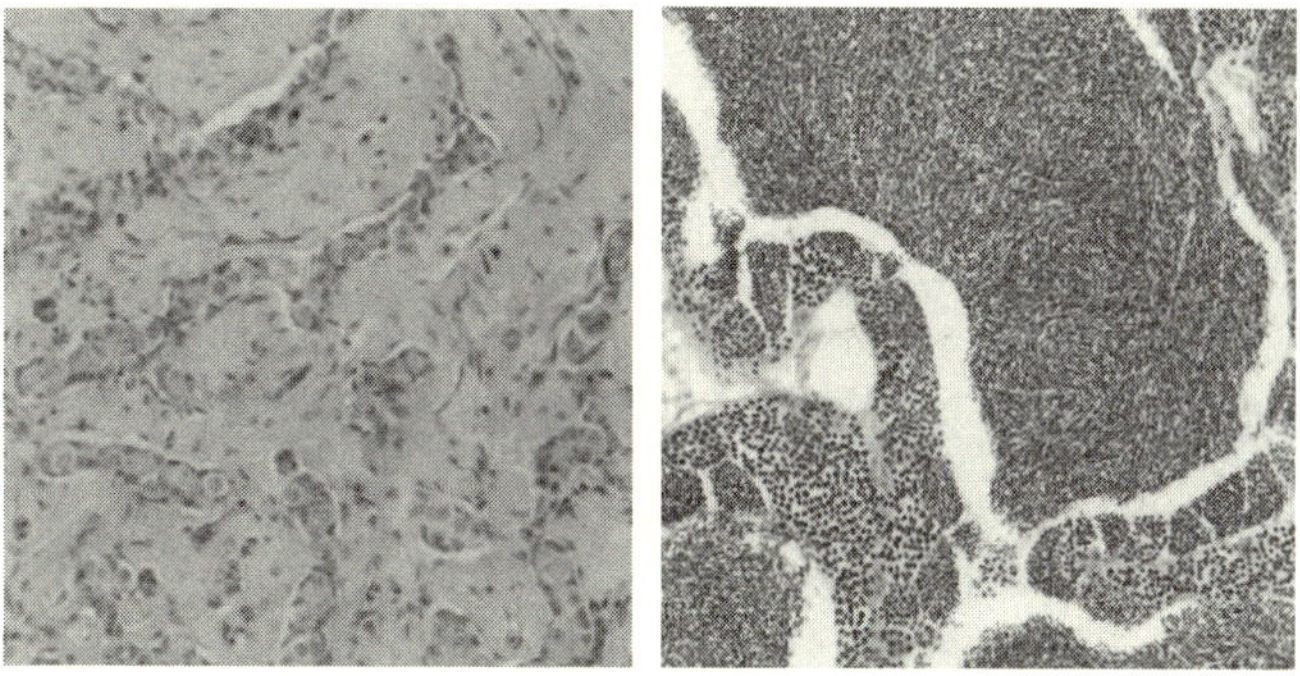

3.25　ホルモン投与前（左）と投与10回後（右）の精巣の組織写真

んばかりに膨らんでいる、このグロテスクな白い塊が成熟したウナギの精巣である。

3・25の写真は、この未熟な精巣（左）と成熟した精巣（右）をそれぞれ顕微鏡用にスライスして染色した写真である。未熟な精巣の方は、将来精子に成長する精原細胞の小さな集塊が精巣の組織に押し込められるような形で存在している。

このような未熟な精巣全体の重量はおよそ0・2gで、その体重に対する比率（GSI）は0・1％しかない。この未熟な雄ウナギにヒト「ヒト胎盤性生殖腺刺激ホルモン」（hCG）という、成熟を促進するホルモンを週に1回ずつ投与すると容易に成熟が起こり、5～6回の投与で精巣が肥大化し、精液が採取できるようになる。3・24の写真は10回のhCG投与を行った雄ウナギを開腹したところで、成熟すると大きいものでは60gに達する精巣を持ち、GSIは30％にもなる。

当初我々は、こんな大きな精巣は、外部から成熟促進ホルモンをしつこく注射したために起こる過剰な精子形成の結果であろう

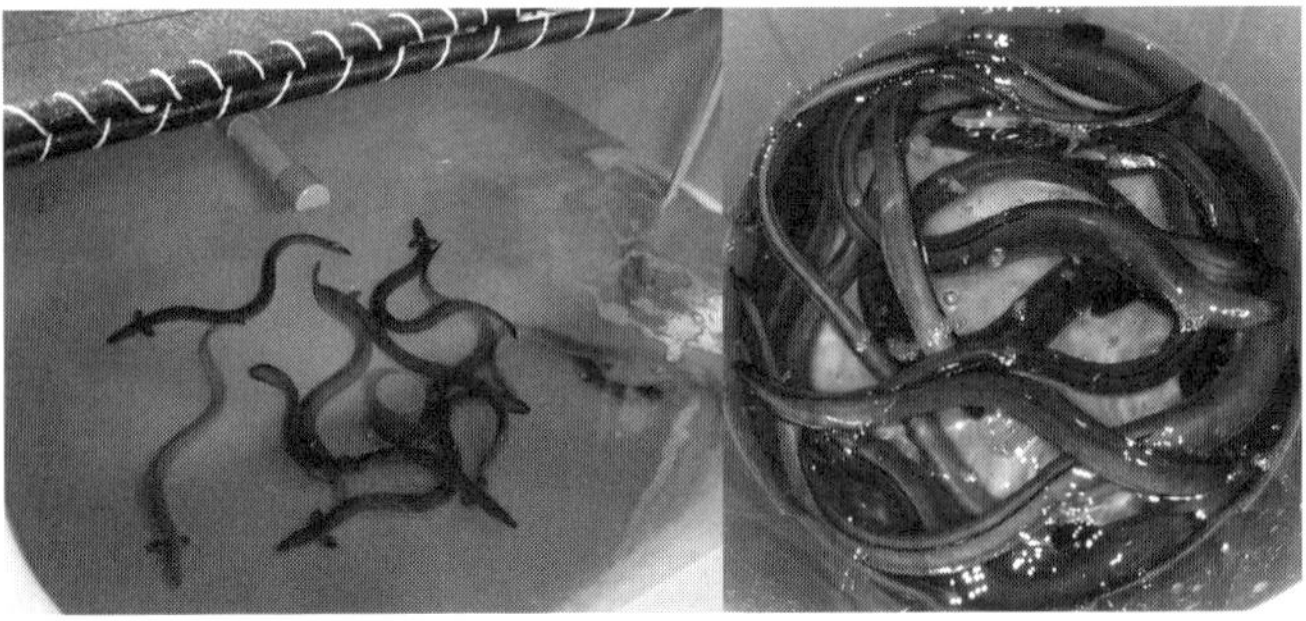

3.26　催熟途中の雄ウナギ（４Ｐサイズ）

と考えていた。しかし、２００９年6月にマリアナ諸島西方海域で水産庁や各大学の調査チームが発見した成熟ウナギの精巣は、ＧＳＩがなんと40・３％（体重は１２９ｇ）にも達しており、この写真に見られるような大型の精巣が決して異常な姿ではないことが確認された。

養殖した雄ウナギが成熟するまで

河口で採捕したシラスウナギ（体重０・２ｇ）をおよそ1年間飼育した養殖ウナギ（２００～３００ｇ）は性的には極めて未熟な状態にある。この淡水で養殖した雄を成熟させるまでのプロセスを詳しく説明しよう。

ウナギの雄は通常の飼育ではおよそ４００ｇ程度までしか体重は増えず、そこで成長が止まってしまう。先に述べたように、養殖ウナギのほとんどは雄ウナギである。ウナギの養殖では、魚のサイズは魚体重１kg当たりの尾数で表すのが一般的で、たとえば２００ｇサイズは５Ｐ、２５０ｇサイズは４Ｐと呼んでいる。

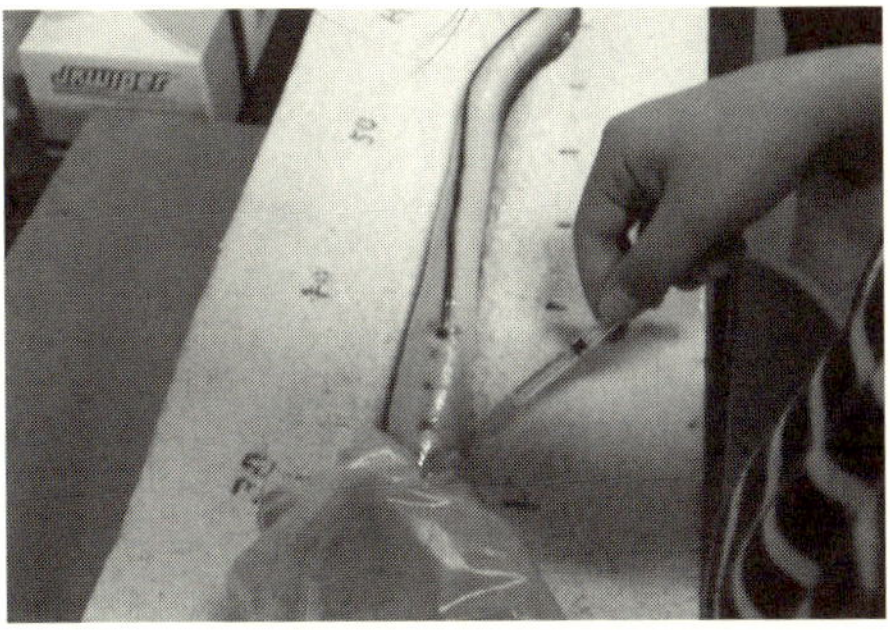

3.27　hCGを雄の腹腔内に注射しているところ

通常、４Ｐか３Ｐのウナギを購入し、10～15尾を、１ｔ程度の淡水を入れた催熟用水槽に移す（3・26）。天然のウナギは淡水中では成熟せず、海に降って産卵場を目指した回遊を行うことが成熟の条件となるが、養殖ウナギを淡水で飼育しながらｈＣＧ投与を行っても成熟し、精液を出すようにはなる。しかし、ウナギを淡水中で催熟すると、タモ網で掬う際に起こる皮膚の炎症により死亡することが多いため、淡水から海水に飼育水を切り替えてからホルモン投与を行っている。

ウナギは淡水から海水までの広い塩分濃度で生息が可能な「広塩性魚類」であるが、淡水から海水へ急に移すとその急激な環境変化により体調を崩し、その後の催熟途中で斃死《へいし》する個体が増える。そこで、およそ4～5日をかけて少しずつ海水濃度を高め、最後は海水を流水状態にして、ホルモン投与を開始している。

第３章３節で述べたように、雌から卵を採取するためには、サケの脳下垂体抽出液と成熟誘起ステロイドの2種類のホルモンを使い分ける必要がある。一方、雄の催熟にはｈＣＧのみをくり返し投与

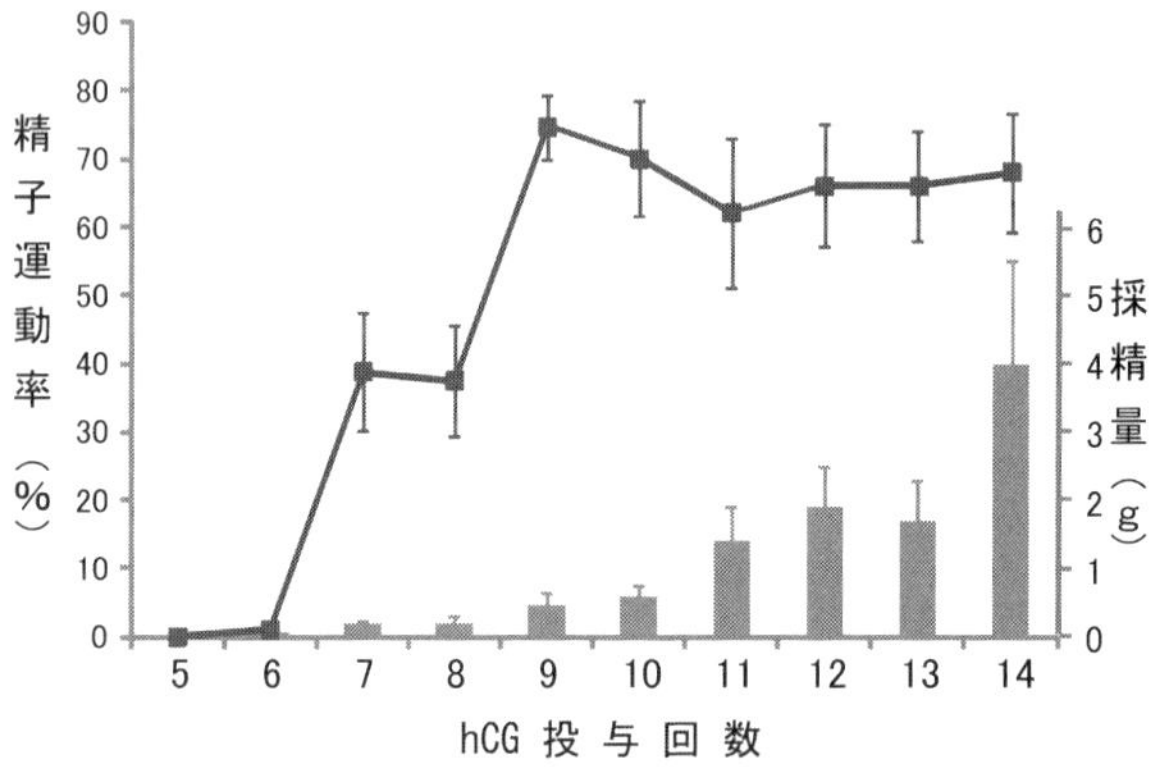

3.28　hCGを週に1回投与し、投与翌日に精液を採取した時の精液量と精子運動率の変化。5回目から精液が採れ始めた。採れ始めたころの精子は運動率が低いが、投与回数の増加とともに上昇した

している（3・27）。

雌には魚のホルモン（サケの脳下垂体）を使用するのに、雄には哺乳類、それもヒトのホルモンを使用するというのは奇異に感じるかもしれない。このhCGというホルモンは、魚の体内に注射をしても異物として代謝される速度が遅く、注射したホルモンが魚の体内で高濃度に維持されることが知られている。そのため、水槽で飼育しても産卵しない多くの養殖魚で「産卵誘発剤」として利用されている。実際に雄ウナギに雌と同じサケ脳下垂体抽出液を毎週1回投与してみると、hCGに比べて成熟するまでに長い期間が必要で、また精液量も少なくなる。

週に1回のhCG投与をくり返していくと、5〜6回の注射で精液が得られるようになるが、排精初期の精子は量的に少ない。ホルモン投与の回数をさらに増やし、およそ10週間のくり返し投与を行うと精液量も増え、1

尾の雄から1mℓ程度の精液が得られるようになる（3・28）。

投与するhCGの濃度は体重1g当たり1～2国際単位（IUと表記される）という濃度が基本となっている。毎週1回のホルモン投与というと人間にとっては切りのよいタイミングであるが、はたしてそのくり返しがウナギの成熟促進に最適なのであろうか。

前述したように、hCGは魚の体内では比較的長く維持されることから、もっと投与回数を減らしても成熟するのであれば、労力の削減が図れ、第一ウナギにとっても痛い注射の回数が減らせ、ストレスも少なくなる。このような観点から、フランスのKhanらはヨーロッパウナギで、三浦猛（愛媛大学教授）らはニホンウナギで、それぞれ海水に移行した未熟なウナギに高濃度のhCGを1回のみ注射して、いずれも精巣内に精子が形成されることを報告している。

最近、野村和晴（増養殖研究所）らのグループは、hCGの投与濃度を毎週投与の3倍にして、3週間に1回の頻度で注射を行ったところ、毎週投与と質的、量的に変わらない精子が確保できること（3・29）、また投与頻度を少なくした方がウナギへのストレスも少なく、生残率も著しく高くなることを確認している。催熟作業とウナギへのストレスの軽減のため、できることならさらに投与回数を減らしたいところであるが、6倍濃度にして6週間ごとの投与では、得られる精液量や精子の活性は低くなるという結果も得られている。

ホルモン投与によって成熟した雌は、卵を絞った後はお役ご免となり、通常は廃棄される。雄の場合

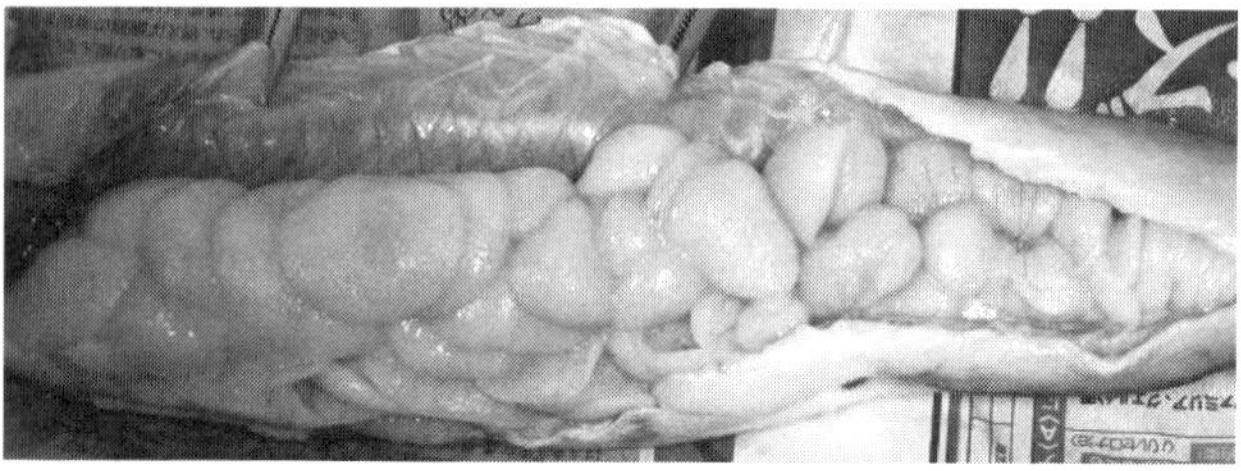

3.29　hCG を 3 倍の濃度で 3 週間に 1 回投与し、2 回投与した後の精巣

3.30　ウナギ精子。白く見えるのが頭部、先端の内側にミトコンドリアが存在する

は、精液を絞った後も毎週のホルモン投与を継続すると、精巣内で次々と精子形成が行われて採精が可能になる（3・28）。多い場合は30週も投与をつづけ、その間、必要に応じて採精が行われている。

ウナギの精子

ｈＣＧの投与を始めると、精巣内で未熟な精原細胞は体細胞分裂をくり返してその数を増やし、精母細胞と呼ばれる減数分裂期を経ると精子形成も最終局面に入り、染色体が１セットのみを持つ精細胞になる。この精細胞は球形の核が細胞質に包まれた、いわゆる細胞らしい形をしている。

精細胞は、次に「精子変態」と呼ばれる劇的な構造変化を経て精子になる。精子は卵と受精して遺伝子を子孫に残すための核と、運動器官である鞭毛《べんもう》、そしてエネルギーを産生するミトコンドリアなどの最少器官のみを備えた特殊な細胞である。この精子変態の過程で核は凝縮して小さくなり、それぞれの動物種に特有な形に変形していく。ウナギの場合は、3・30に示したように、頭部は三日月型に変わる。このウナギの精子の姿は、草刈り鎌の柄の部分をさらに伸ばしたような格好をしている。

またウナギ精子のミトコンドリアは、融合を重ねて最終的に1個の大型ミトコンドリアとなり、徐々に三日月型の頭部の内側を滑るように移動していき、頭部先端に落ち着いて、そこで鞭毛運動に必要なエネルギーを産生するようになる。

3・25の右側の写真は、hCG投与をくり返して成熟した精巣の組織写真で、大きな渦状に見えるのは精巣内の精子の集塊である。

この写真は精巣を輪切りにしているのでわかりにくいが、この集塊が存在する広いスペースは細長い管状になっており、多くの管がいたるところで融合し合い、最終的に精巣の付け根（体腔の背部）を、前方から後方に走る輸精管に連絡している。精巣でつくられた精子はこの管の中を伝って輸精管に移動し、その輸精管は生殖口（12ページ参照）へとつながっている（3・31）。

ウナギの精子は精巣内や輸精管内といった体内の条件では、鞭毛運動することはない（173ページ「精子は海を泳ぐ」の項を参照）。したがって精巣内から輸精管、輸精管から生殖口への移動も自ら泳い

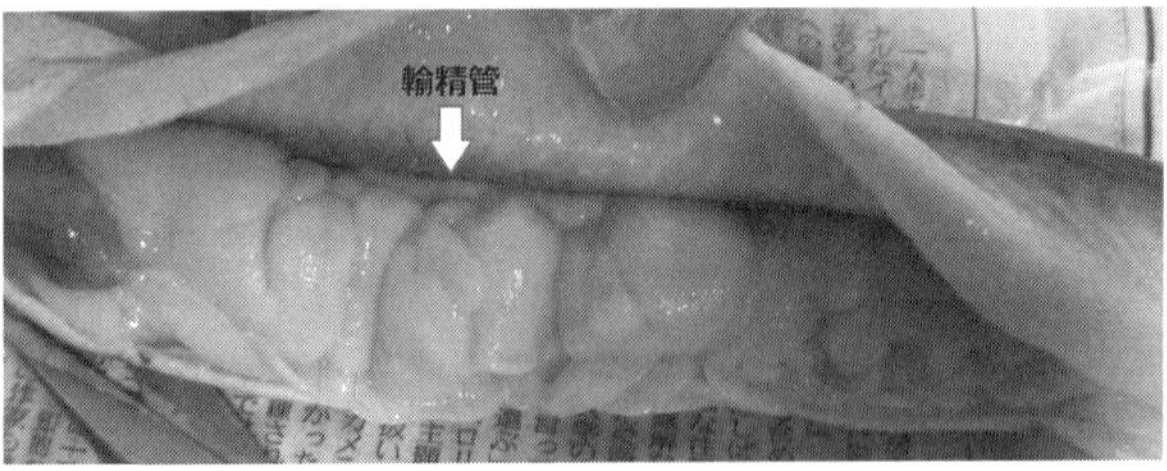

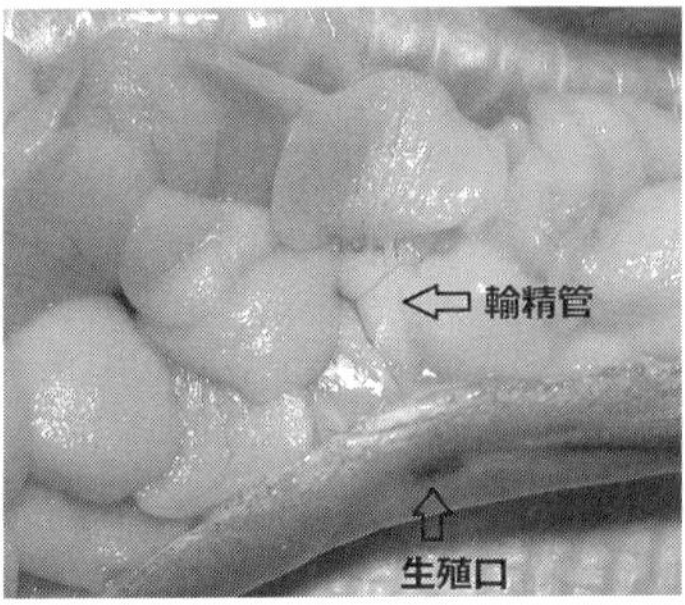

3.31　ウナギの輸精管。精巣の付け根の部位に沿って生殖口までつながっている

で移動するのではなく、精子のまわりを浸している液成分（精漿《せいしょう》）が精巣から輸精管に向かってゆっくりと流れ、その流れに身をゆだねて流されていく。成熟が進むとこの精子のまわりの液量も増え、輸精管にもたくさんの精子が溜まるようになる。

精子が精巣から輸精管に移動すると、腹部をゆっくりと押せば生殖口から精子が採れるようになる（3・32）。このように精子が輸精管に溜まった状態になることを排精《はいせい》と呼び、雄が成熟したことを示す目安となる。これは雌の卵が卵巣の中で成熟し、卵濾胞から抜け出て受精可能になる現象を排卵と呼んでいるのに対応させた用語である。

死んだ精子が半分以上！

雄ウナギにホルモンの投与をつづけると成熟が

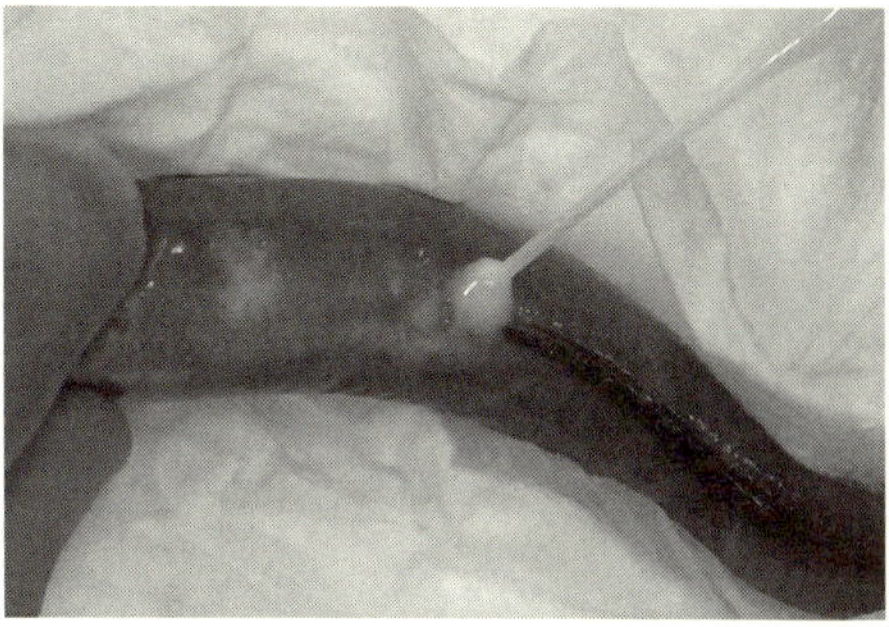

3.32　成熟した雄の生殖口から精液を採取

進み、5〜6回の投与で精液が採れるようになる。この排精初期の精子を海水で希釈すると、鞭毛運動を開始する精子はごくわずかしかいない。成熟初期の精子はまだ運動能力を持っていない、未熟な精子なのであろうか。

この排精初期の精液を1滴採り、エオシン・ニグロシンという染色液で染めてみると、3・33のように濃く染色される精子と白っぽく見える精子の2種類に分かれ、染色される精子の率がかなり高い。この染色液は細胞の生死判定に使われるもので、死んだ細胞はエオシン色素が細胞内に入り込んで赤く染まり、生きている細胞は染色されずに白く見える。ホルモン投与をくり返しながら精液を少しずつ採って調べてみると、排精初期の精子は70％以上がエオシンに染色されてしまう。すなわち、成熟初期の雄ウナギが出す精子の多くは、すでに死んでいるのである。この死亡精子の割合は、ホルモン投与をつづけているうちに徐々に低下していき、最終的には20％以下になる。

生きたウナギから採れる精子は、いつ、どこで死んでしまったの

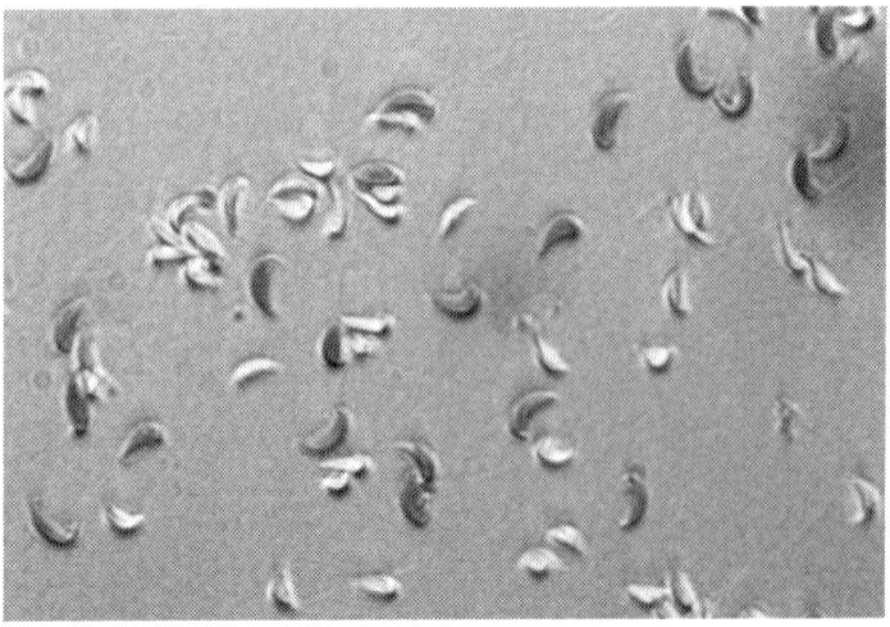

3.33　エオシン・ニグロシン液で染色したウナギ精子。雄ウナギから採った精液を染色して観察。染色された死亡精子、白色は生存している精子。精液中には死亡精子が多く存在している

だろうか。精巣内で精子になるまでは、減数分裂や精子変態など、細胞自身の能動的な変化が必要で、精子になる前に死亡していたというのは考えづらい。したがって、精子に変態した後、輸精管まで移動する間、あるいは長い輸精管を移動して生殖口にたどり着くまでの間のどこかで死亡しているものと思われる。

精子が細胞として生存するためには、精子のまわりの環境液が生存に適した条件を備えていることが必要である。もともと未熟だったウナギに成熟促進ホルモンの投与をくり返すと、精子形成を進めることはできるものの、その精子の生存を維持するための体内の環境調節はまだ不充分、ということかもしれない。精子変態をした後の精子がどこで死亡し、その原因は何であるのかを明らかにして、精子の生体内での生存性を維持させるための方法を検討する必要がある。

精子は海を泳ぐ

川で捕まえたウナギをさばいてみたら、大型の成熟した生殖腺を持っていた、という話をよく耳にする。そういった発見者から、「川で成長して成熟し、そのまま産卵する淡水ウナギがいるのでは？」といった質問を何度か受けたことがある。しかし、これは自信を持って「Ｎｏ！」と答えることにしている。その理由は、ウナギの精子は淡水中では運動することができず、少なくとも50％以上の海水が混ざった条件でしか、精子運動を始めないからである。

キンギョやドジョウに代表される淡水魚、そしてクロマグロ、マダイといった海産魚の精液を1滴採り、海水と蒸留水を混ぜ合わせた種々の濃度の海水で希釈して顕微鏡を覗いてみる。そうすると、淡水魚の精子も海産魚の精子も、体内と同じ塩分濃度である30〜40％海水では鞭毛運動は行わない。そして、淡水魚の精子はそれよりも薄い海水濃度で、海産魚の精子はそれよりも濃い海水濃度で初めて鞭毛運動を開始する。すなわち、魚の精子は放精する前の精巣の中や輸精管の中では運動せず、無駄なエネルギーを使わずにじっとしており、自分たちの産卵環境の水の中に放精され、その塩分濃度の違いを引き金として活発な鞭毛運動を開始するのである。

3・34は、ウナギの精子を種々の濃度の海水で希釈し、その直後に運動している精子の比率を測定した結果である。これを見てもわかるように、ウナギの精子は体液よりも濃い塩分濃度でのみ運動する、

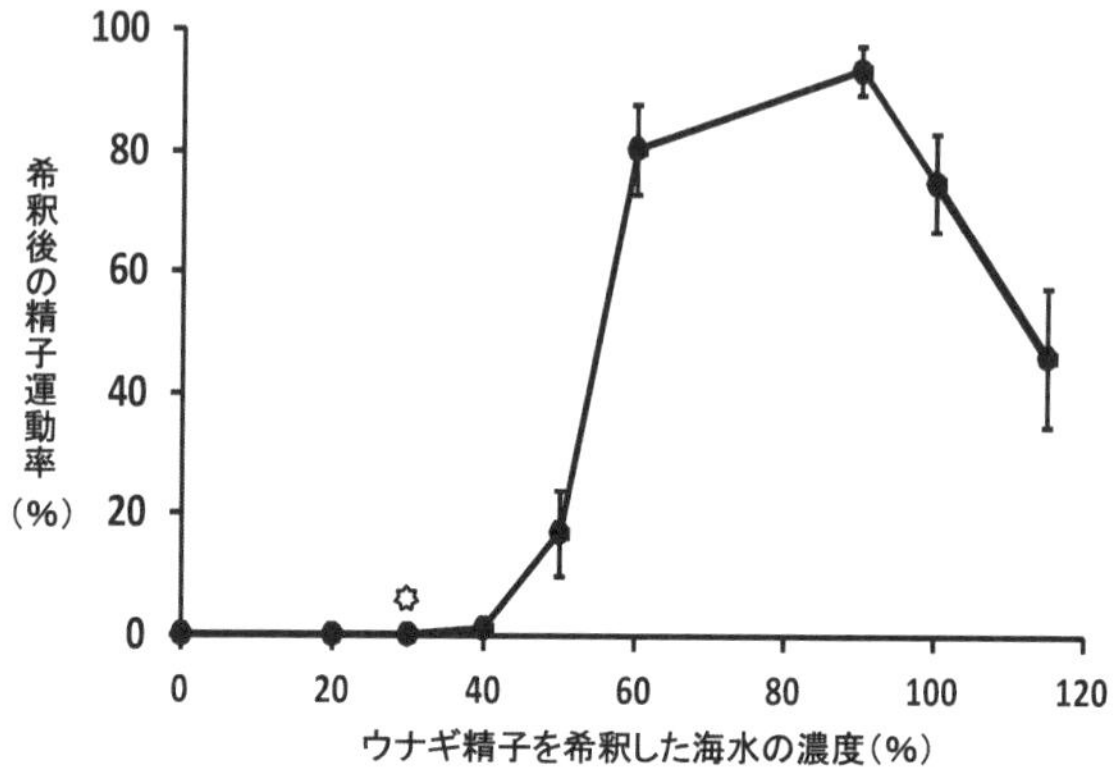

3.34　ウナギ精子を種々の濃度の海水で希釈した時の運動精子率。☆はウナギの体内と同じ塩分濃度である30%海水

典型的な海産魚のパターンを示す。たとえ淡水中で成熟して放精されても鞭毛運動は行えず、卵と受精して子孫を残すこともできない。

本項の冒頭で紹介した「川で捕まえた成熟ウナギ」は、ふだん生殖腺の小さい、ほとんど雄ばかりの養殖ウナギを見慣れている人が、天然では半数は存在する雌ウナギの卵巣（未熟でも精巣よりはるかに大型なので、成熟しているように見える）を見て驚いた可能性が高い（3・22、左）。

卵のトンネルに引き寄せられる精子

産卵行動によって体外に放出された卵と精子は環境水中で混合され、精子はまずは方向を定めず、好き勝手な方向に泳ぎ始める。しかし、受精が起こるためには、1尾の精子が卵の細胞内に入り込んで、卵の核と精子の核が融合する必要がある。

海水中や淡水中で発生する魚の卵は、水流などの物理的な障害から卵を保護するための厚い卵膜におおわれている。この卵膜は、雌の卵巣内で卵が成長して卵黄が蓄積されるのとほぼ同じ時期に、卵のまわりに形成されていく。魚種によって厚さはまちまちであるが、イクラやカズノコを噛むとプチッとくるあの感触は、サケやニシンの卵膜（それぞれ、厚さ0・1〜0・05㎜程度）を破った時の歯ごたえである。ウナギの卵膜はこれらに比べるとはるかに薄く、およそ0・003㎜程度であるが、それでも精子はこの厚い卵膜を突き抜けて受精することはできない。

それでは精子はどうやって卵の中に入り込むことができるのであろうか。実は、魚の卵膜には精子1尾がようやく通れるような細くて長いトンネルが1個だけ開いており、そのトンネルは卵膜の内側の卵細胞にまでつながっている。このトンネルは卵門と呼ばれ（3・35）、魚卵に特有の構造である。精子が2尾以上、同時に卵内に入り込んで受精する現象は、多精と呼ばれる。多精になった卵は発生途中ですぐに死んでしまう。精子1尾がようやく通過できるという卵門が、それも卵膜に1カ所だけ開いていることが、魚卵が多精を起こさないための重要な防御機構となっている。

松原孝博（北海道区水産研究所、現・愛媛大学）らは、ウナギの精子が卵門内に入る様子をビデオ顕微鏡を用いて詳しく観察した。それによると、ウナギの精子は卵門周辺に近づくまではほぼ直線状に運動を行っているが、卵門周辺の一定エリアに到達すると、それまでの直進運動から旋回運動へと運動パ

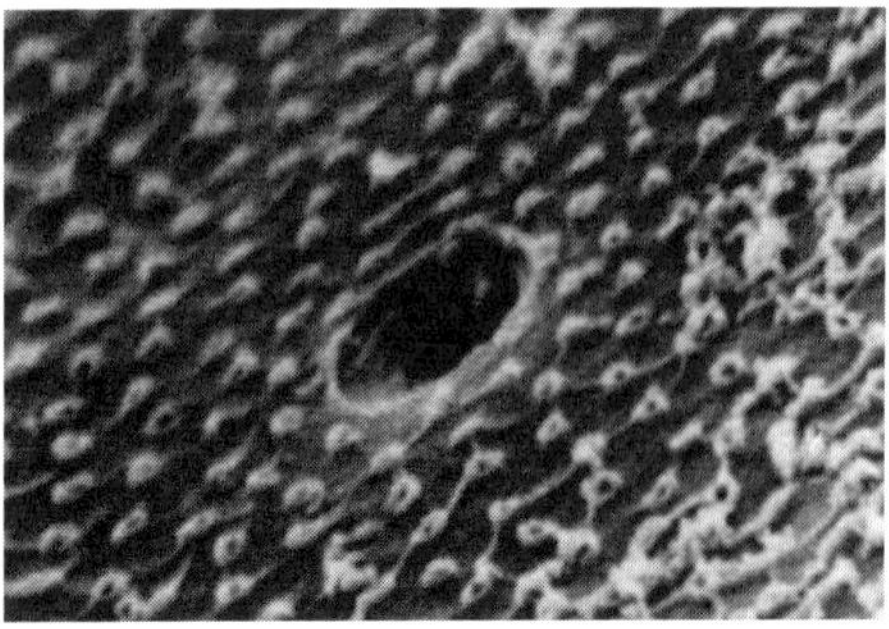

3.35　ウナギの卵門開口部（写真中央）。卵膜に存在する精子の進入路。精子はこの卵門の中に入り込み、卵細胞と受精する。回りに存在するつぶつぶ模様はpore canalと呼ばれ、卵形成時に卵内に卵黄やその他の栄養物質などを送り込む微細な通路

ターンを変え、卵門に引き寄せられるように進んでいくらしい。

また、彼らは、卵門周辺では、それ以外の部位に比べて、精子の運動時間が明らかに長くなることを確認している。これらの観察結果は、ウナギの卵門域には、精子を卵門に向けて誘引し、さらに鞭毛運動を活性化させる物質が存在することを示している。

マリアナ海域では、新月の前後に多くの親魚が活発な産卵行動を繰り広げると予想されている。成熟した雄から放精されたウナギ精子は、まずはあたり一面に向かって一斉に泳ぎ始め、同様に雌から放出された卵の回りに近づくと、卵門付近に引き寄せられ、そして卵門のトンネル内に向かって突入していく。

ウナギの精子は、精液１㎖中に１００億尾も存在する。ホルモン投与で成熟した雌１尾が排卵する卵量は、およそ50万粒である。産卵行動を行う雌親魚と雄親魚の数や、雄の放精

量はいまだ明らかにされていないが、仮に雌雄比が1：1で、これまでのホルモン投与による採精量から考えて1尾で3㎖を放精したとすると、受精して子ウナギづくりに参加できる精子は、6万尾に1尾という極めて高い競争率を勝ち抜いたことになる。それ以外のおよそ300億尾の精子（これで雄1尾分のみ！）は数十分の鞭毛運動を行った後、はかなくマリアナの海に消えていくのだ。

精子は冷蔵庫に大量保存

ホルモン投与によって、成熟した雄から精液を絞る。この絞った精液が冷蔵庫で保存できれば、たとえ成熟させた雄が死亡しても、人工授精が可能となる。精液というのは精子とそれを取り巻く精漿からなるが、ウナギの場合は精子と精漿の比率はおよそ1：1くらいである。この精液を室温に置くと、1日くらいで運動可能な精子はいなくなってしまう。

精子に限らず、細胞は乾燥と酸欠には極めて弱い。1㎖中に100億もの精子がひしめいている精液中では、この乾燥と酸欠によって、精子はすぐに死亡してしまうのである。

そこで、魚の精液を簡便に保存する方法として、溶液で希釈して精子密度を下げ、さらに精子の細胞としての代謝を抑えるために、冷蔵庫で保存する工夫がされている。希釈する溶液は、その中で精子が運動してエネルギーロスを起こさないよう、精漿と同じ塩分濃度であることが望ましい。

また、ウナギの精子は保存のために希釈する溶液のイオン組成によって、海水に希釈した時の運動率

3.36　冷蔵庫で人工授精の出番を待つウナギ精子。雄から採取した精液を人工精漿で 100 倍希釈して冷蔵保存してある

が大きく変動することが知られている。そのカギとなるのはカリウムと重炭酸イオンで、両者の濃度が充分高くなければならない。このような条件を満たした溶液は人工精漿と呼ばれ、ウナギの精子をこの人工精漿で希釈して冷蔵庫に入れておくと、およそ3週間程度は高い運動能力を維持している。

ウナギの種苗生産研究を行っている現場の冷蔵庫を開けてみると、いつ雌が成熟してもいいように、人工精漿で希釈した精子が大量に保管されている（3・36）。

6 人工授精

受精卵を得る二つの方法

河川で成長し、成熟を開始したウナギは遠い産卵場を目指して川を下り、長い産卵回遊に向かう。産卵場では新月の前後に成熟した雌雄が集まり、放卵と放精を行ってウナギの受精卵が大量に生まれる。水槽で親魚を飼育し、ホルモン投与を行って、成熟させて受精卵を得るためには、この受精現象も人の管理下で行うことになる。

現在、ウナギの受精卵を得る方法は、誘発産卵法と人工授精法の2種類が実施されている。誘発産卵法とは、産卵直前の雌雄を一つの水槽に入れてウナギに産卵行動を行わせ、受精卵を回収する方法である。

一方、人工授精法は人間が雌雄の親魚から卵と精子を絞って受精させる方法である。ホルモンの投与方法は誘発産卵法も人工授精法もほぼ同じであるが、誘発産卵法ではｈＣＧを投与してすでに精液が採取可能となった雄にも同じステロイドを投与するところが人工授精法とは異なる。雄にもステロイドの投与が必要か否かはまだ結論が出ていない。今のところ、ステロイドを注射されて最終成熟を開始する雌の勢いに負けないよう、とりあえず雄にも投与する、といったところである。ステロイドを投与した雌雄は産卵用水槽に入れ、あとは水槽にフタをしてウナギの雌雄に全てをおまかせし、産卵して受精が起こるのを待つのである。

ステロイドの投与から雌が排卵を開始するまでに要する時間はおよそ12～15時間程度であるが、排卵が始まると、卵巣内の卵は1時間くらいの間に一斉に排卵してしまう。排卵した後、どのくらいで産卵行動が始まるのかはまだわかっていないが、午前10時にステロイドを投与すると、翌日の明け方までには、ほぼ確実に受精卵が産卵水槽に浮かんでいる。

人工授精法では、ステロイド投与を行った雌はそのまま雄とは別の水槽に収容し、投与から15時間後に水槽の雌をタモ網で引き寄せ、腹部をさわって排卵しているかどうかを確認する。排卵までの時間はだいたい一定なので、夕方6時にステロイドを投与し、15時間後の翌朝9時に1回目の排卵のチェックを行っている。もし15時間後に排卵していなければそのまま水槽に戻し、およそ2時間ごとに排卵の有無をチェックするようにしている。

雌が排卵していたら水槽から取り上げ、麻酔をかけた後、腹部を前方から生殖口に向けてゆっくりと圧迫して生殖口から卵を絞り出し（3・37）、冷蔵庫で保存していた精子を用いて人工授精を行う。

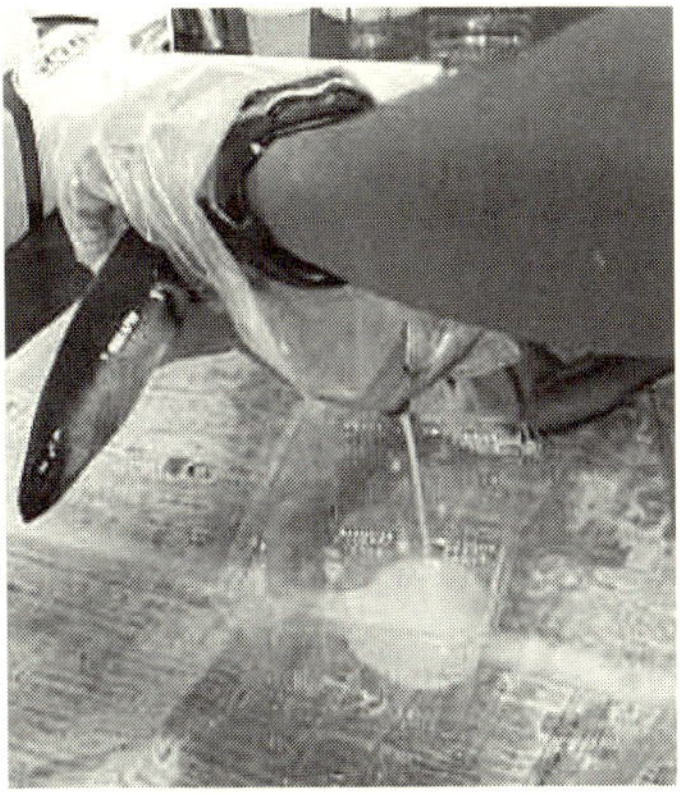

3.37　ウナギの採卵

ウナギの人工授精

　魚の人工授精といえば、サケの人工授精が有名である。サケは成熟した後に死亡してしまうので、排卵した雌は畜養水槽から取り上げて腹部をナイフで切開し、腹腔に溜まった卵を洗面器のような大型容器にかき出す。数尾分の卵が満たされた洗面器の上で、雄の腹部を絞って真っ白い精液をふりかけた後、卵と精液を充分に混ぜ合わせ、次に水を加えて授精作業を終了する。このように、雌の卵に雄の精液を直接ふりかけ、次に環境水（淡水か海水）を加えることによって精子と卵を活性化させる授精方法は乾導法《かんどうほう》と呼ばれ、魚類の代表的な人工授精方法の一つである。

　ウナギの人工授精も、この乾導法に近いスタイルをとっている。ウナギの場合、一度に複数の雌が排卵しても、卵は1尾ずつ人工授精を行う。これは排卵までの親魚1尾1尾の履歴と受精成績を比較検討する必要からである。そのため洗面器ではな

3.38　ウナギの人工授精。卵と精子をかけて攪拌し、最後に海水を加えて人工授精する。受精させた卵は海水より軽いため、層をなして浮かんでいる

く、５００㎖のプラスチック容器に卵を絞っている。１尾の雌からはこの容器に半分程度（２００〜３００g）の量の卵が絞り出される。ウナギの卵は１gでおよそ２０００粒なので、１尾の雌から40〜60万粒の卵がとれることになる。

次にこの卵に精子をかけるが、前項で述べたように、精子は人工精漿で希釈されて冷蔵庫に保管されている。そこで、冷蔵庫から希釈精子を入れたカップを取り出し、卵に少し多めにかけて軽く攪拌《かくはん》した後に海水を加える。この海水により精子のまわりの塩分濃度が上昇し、精子は一斉に運動を開始して、卵門内に泳ぎ込んでいく。

海水を入れた大型ビーカーに卵を移すと、受精したウナギの卵は海水に浮くため、海水の表面に層をなしていく（3・38）。一方、卵の質が悪く、受精不可能な卵は海水よりも重く、ビーカーの下に沈んでいく。そこで浮上した卵だけを静かに孵化用の水槽に流し入れ、一連の受精作業を終了する。

誘発産卵か人工授精か

現在のウナギの催熟方法に関する研究では、より品質のよい受精卵を得るにはどのような工夫をすればよいのかが最大の課題となっている。雌の催熟では毎週1回のホルモン投与をおよそ3カ月もかけて辛抱強く行い、最後に成熟誘起ステロイドを投与し、排卵誘発を行っている。この数カ月におよぶ催熟作業の中で、より良い卵を得るために、今現在も多くの研究者が日本各地で独自のアイデアを盛り込んだ試行錯誤をくり返しているのである。

ようやく得られた卵が、はたして良質な卵であったか否かの判定は、受精率や孵化率などで示される、受精成績の良し悪しで判断する。催熟方法を練りに練り、数カ月をかけて大切にホルモン投与をつづけ、その実験結果が受精成績となって表れることになる。得られた卵には、研究者自らが運動活性の高い精子を充分量加えて人工授精を行えば、その結果としての受精率や孵化率の数字が悪くても、信頼に足る値となる。ところが、その最終段階である受精作業を、産卵水槽に入れてフタをしたウナギの雌雄に全てまかせるということになると、はたして雌は排卵した後、上手に放卵行動がとれるのであろうか。雄は雌が放卵するタイミングに合わせて、上手に放精行動をとれるのであろうか。また、放精量は充分であろうか。そういった不安材料が次から次へと出てくる。

受精成績が悪かった時に、卵の質（人間の催熟方法）が悪かったのか、ウナギの産卵行動が不適切であったのかの判断ができないわけである。このような理由から、これまでウナギの受精卵を得るのは人工授精法が主流となってきた。しかし、これらの産卵行動に対する心配は、人間の取り越し苦労であったらしく、長期間にわたって人工授精法と誘発産卵法で受精成績を比較した堀江則行（いらご研究所）らの結果では、誘発産卵法の方が高い成績が得られている。

人工授精法と誘発産卵法には、それぞれに長所と短所がある。人工授精法では、確実な受精作業を行うことによって卵質が評価できること。一腹の卵に対して計画的に選んだ雄の精子で人工授精ができるため、病気に強いウナギや成長のよいウナギをつくるといった育種作業、多くの雄の精子を用いて交配し、遺伝的多様性に富んだウナギをつくることも可能になる。

一方、人の手によって採卵をするため、ステロイド投与後、早めに排卵をした雌では人工授精までに長い時間が経過し、そのために卵質の低下も起こりうる。それに対し誘発産卵法では、雌が自分の排卵に合わせて産卵できるので、最も適切なタイミングで産卵して受精できる可能性がある。また、採卵や人工授精といった作業を行わないので、省力化も図れる。ウナギ自身にとっても、採卵時に人に麻酔をかけられてせっかく排卵した卵を絞られるより、自分で好きな時に卵を産む方がストレスだって少ないに違いない。しかし、やはり雌雄が放卵・放精を上手にできたかどうかは不明の状態にある。

このように、それぞれの受精方法には長所、短所がある。育種や催熟方法に関する試験をするなら人工授精法、省力化を図りながら受精卵を大量生産するならば誘発産卵法といったところであろうか。

7　よい卵をつくる

卵質向上が目下の課題

第1章で述べられているように、わが国のウナギの種苗生産研究はすでに50年以上の歴史がある。この50年の歴史の中の最初の40年間は、ウナギの受精卵を確実に得るためにはどのようにすればよいかが課題であった。前節で述べられたように、その方法は20世紀末までにほぼ確立されたといえる。現在は、より高品質な受精卵を確保するにはどのようにすればいいのかが、最大の課題となっている。その難問を解くために、多くの研究者が、今現在も日本各地の研究機関で試行錯誤をくり返している。

現在の日本のウナギの年間消費量はおよそ6万tといわれている（第1章参照）。蒲焼きサイズのウナギの平均体重を200gとすると、わが国で消費するウナギの総尾数は3億尾になる。ホルモン投与で成熟する雌ウナギは1尾でおよそ50万粒を排卵するので、排卵された卵が全て200gサイズまで成長するのであれば、ちょうど600尾の雌を成熟させれば日本人の食卓の必要数をカバーできることになる。しかし、受精から孵化、そして仔魚からシラスウナギを経て成魚に育つまでにはいくつもの技術

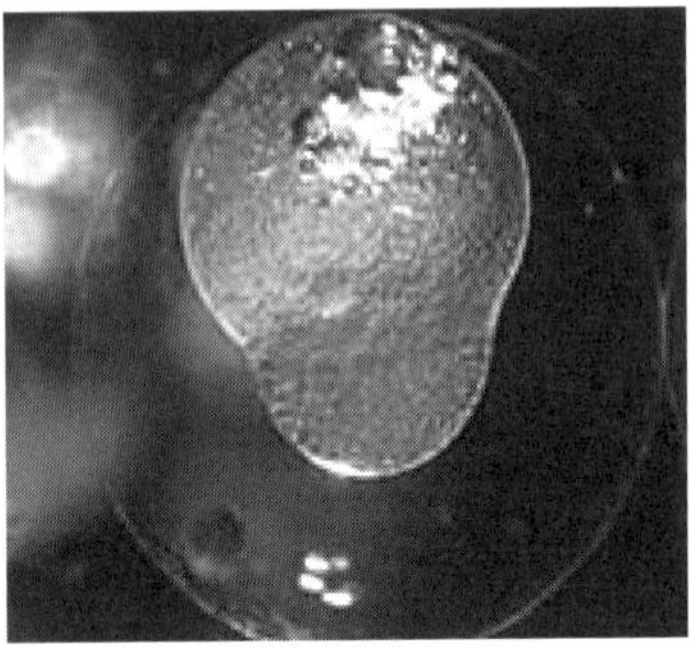

3.39　受精4時間後の桑実期の卵。下側が胚細胞。卵黄の底部（写真上方）に存在する大型の油球が軽いため、卵はひっくり返って浮いている（写真提供：野村和晴〈増養殖研究所〉）

的障壁があり、このような計算通りにはいかない。その第一の関門としては、雌親魚が産む卵の受精率や孵化率が低く、かつ安定しないことが挙げられる（3・39）。

ウナギの雌の催熟では、まったく未熟な状態からホルモン投与によって成熟を開始させ、2〜3カ月ものサケ脳下垂体抽出液の投与をくり返して卵黄形成を行わせ、最後に成熟誘起ステロイドの投与で排卵させている。これらの作業は、本来ウナギ自身が自然に行う成熟のプロセスを、全て人間の手で行っていることになる。その方法が上手であればよい卵が採れ、上手でなければ悪い卵が採れる。その品質の差の大部分は、人間の操作によって決まるといっても過言ではない。

雌には2種類、雄には1種類のホルモンを使い分けることによって、ようやく確実に卵と精子が採れるようになったが、安定して良質な受精卵を得るための詳細な技術までは、まだ確立されたとはいえない。そのため、催熟のプロセスの中で個々の研究者がトライアンドエラーを何度もくり返し、その結果として採れた卵がよい卵であったか否かのチェックを慎重に行い、徐々に技術を改良している段階にある。

卵質評価の指標とは？

魚の卵の品質を比較する場合、現在用いられている指標は、受精率や孵化率などのいわゆる受精成績である。運動能力の高い精子を充分量、卵に加え、その後の細胞分裂開始の有無を調べて受精率を、孵化した仔魚の数を数えて孵化率を測定する。次章で述べるように、ウナギは孵化後8日目ごろまでは卵に蓄えた栄養成分（卵黄）をエネルギー源として成長し、卵黄の消化が終わると次は外部の餌をとり始める。外部の餌に栄養源が切り替わると、その後の生残率や成長の良し悪しは、産み出された卵の質よりも餌の質や量、飼育環境による影響の方が大きくなる。そこでウナギでは受精成績と孵化後8日目までの生残率を卵質の指標として用いている。

ウナギの種苗生産研究を行っている研究機関がそれぞれ独自の指標で卵質の検査を行うよりも、共通の物差し（検査項目）で卵の質を比較した方が、互いの研究成果をより広く、より早く利用し合うことができる。そこで、全国のウナギの研究機関が受精率、孵化率、そして孵化後8日目生残率を卵質の評価基準として測定し、それぞれの研究の結果（良い結果も悪い結果も）を共有しながら、1日も早く卵質が向上するよう緊密な情報交換が行われている。

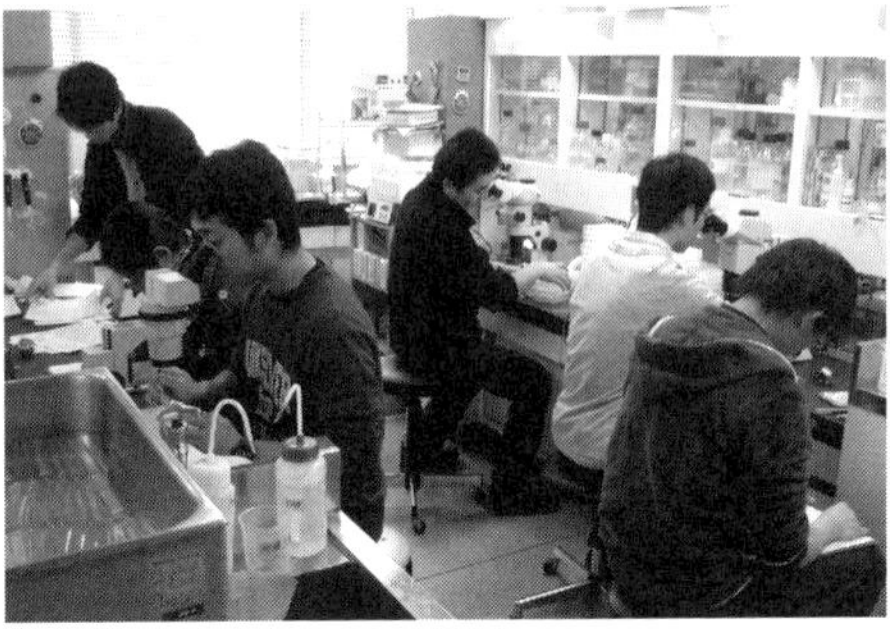

3.40　受精率の測定風景

地道な品質チェック作業

この卵質評価の3項目（受精率、孵化率、孵化後8日目生残率）を具体的に、どのように測定しているかを紹介したい。雌が排卵すれば、1尾当たりおよそ数十万粒の卵に人工授精を行う。一つの機関で、多い週は3～4尾の排卵雌が出ることもあり、この排卵尾数×数十万粒の受精成績全てを正確に測定することはできない。

そこで、人工授精を行った後に1尾当たりおよそ100粒の卵をランダムに選び、それぞれの雌の卵の卵質評価を行っている。まずはおよそ100粒以上になるように海水を入れたシャーレに卵を移す。次にシャーレの中の全ての卵の数と、その中で細胞分裂を行っている数を実体顕微鏡下で1個ずつ計数して受精率としている（3・40）。

シャーレの中で受精卵をそのまま飼育していると、未受精卵や、途中で死亡した卵と仔魚の腐敗がすぐに始まり、生きている卵や仔魚の生存に悪影響をおよぼす。それでは正確に卵質評価ができな

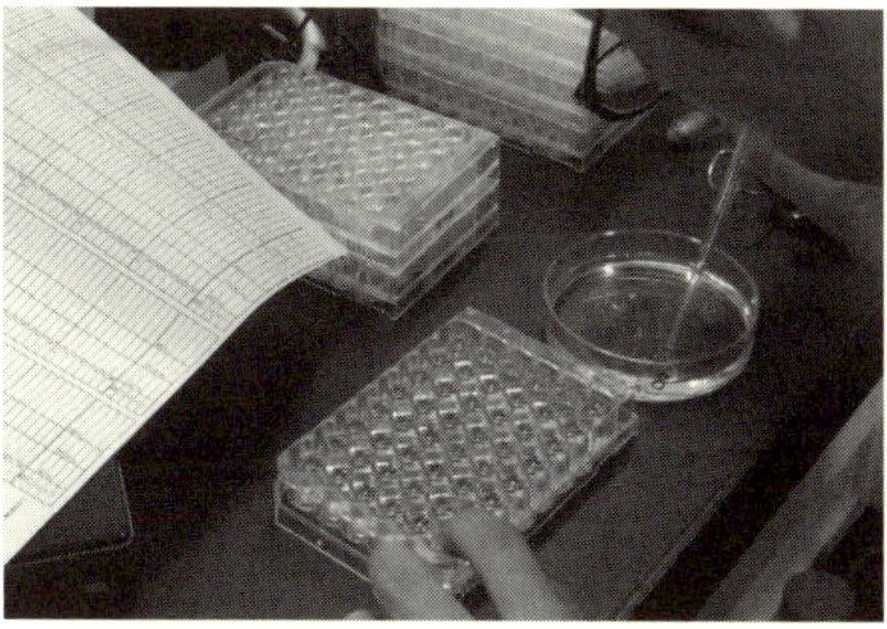

3.41　受精卵をシャーレからマイクロプレートに移す作業。どこまで入れたか間違わないように、指で穴を押さえながら、1粒ずつ、根気よく

い。そのため、シャーレでそのまま飼育を行う場合は、毎日1〜2回、死亡魚の除去や海水の交換を小まめに行う必要があり、とても面倒な作業となる。そこで、増養殖研究所の鵜沼辰哉（現・北海道区水産研究所）らは、1粒ずつの受精卵を別々の容器で飼育して、生きている個体が死亡した個体の影響を受けずに済む方法を開発した。

超小型水槽で生残率を測定

鵜沼らは、孵化後8日目までの仔魚（全長はおよそ7㎜）の成長には影響をおよぼさず、同時に多くの仔魚を顕微鏡下で容易に観察できる飼育容器として、マイクロプレートの利用を考えた。マイクロプレートは、一枚のプラスチック製プレート（縦9㎝、横13㎝）の中に6穴から384穴のくぼみがあり、フタをすると、一つひとつを個別に仕切ることができる。この一つの穴を、ウナギ孵化仔魚用の超小型水槽として使おうというわけである。

彼らはいろいろなマイクロプレートで飼育実験を重ね、ウナギ

3.42　マイクロプレート内で発生した孵化後7日目、体長7㎜の仔魚
（写真提供：鵜沼辰哉〈北海道区水産研究所〉）

の卵質評価には48穴のマイクロプレートが適しているという結論に達した（3・41）。まずウェル内で死亡した仔魚が腐敗してしまわないように、抗生物質を添加した濾過海水を1㎖ずつ、48穴に入れていく。次に、シャーレ内で受精率を測定した受精卵を1粒ずつピペットで吸い取り、マイクロプレートの穴に移していく。この移し替えの作業はとても根気のいる作業で、慣れないうちはすぐに肩がこり、1分間に一度はため息が出てくる。しかし、コツさえつかめば大量の卵の処理も、徐々に苦ではなくなってくる。

マイクロプレートに移した後は、孵化後8日目まで恒温器で保管し、定期的に顕微鏡下で孵化率や生存率を測定する。途中の観察で死亡していた卵や仔魚は、フタの上に「×」と書いておけば、次回の観察からは対象から除外することができる。また、元気な仔魚が顕微鏡下でシャーレ内をあちらこちらと移動し、尾数を数える観察者を悩ませたりといった苦労からも解放される。（3・42）。

卵質評価の結果は、排卵させた雌親1尾1尾について、①ホルモンを投与するまでの飼育履歴、②ホルモン投与開始後の飼育方法、

3.43　卵質評価のためのマイクロプレートの山

③ホルモンの投与方法、④成熟誘起ステロイドを投与してから排卵までの時間、⑤ステロイド投与前後の卵の変化、⑥排卵された卵の形態、⑦媒精した精子の運動活性などなど、人工授精までの種々の記録とともに、ノートに書き込んでいく。とても地味で、時間と手間のかかる作業のくり返しであるが、一人ひとりの研究者のこのような細かな測定や観察の積み重ねと、その記録の山の中から思いつくアイデアが、ウナギの種苗生産技術の向上には不可欠となる（3・43）。

卵質改善に向けて

現時点では、受精成績は雌親ごとに大きく異なり、人工授精した卵の90％以上が孵化することもあれば、まったく卵発生が起こらず、したがって孵化率0％といった卵も頻繁に採取される。国内で、このようにホルモン投与を行って採卵を行っている研究機関は国公私立研究機関や大学などを合わせると10カ所程度になる。これら全部の雌親の卵の受精率と孵化率、孵化後8日目生残率を平均すると、それぞれ30～50％と20～30％、15～20％程度となり、高い数字とはいえない。

孵化率を仮に20％とすると、それでも一腹の卵からおよそ10万尾の孵化仔魚が得られることになる。採卵までに3カ月を要するとはいえ、催熟する雌親魚の数は多いので、孵化仔魚を得てシラスウナギまで育てる研究のためには、充分な生産数といえる。しかし、研究の最終目標は、日本人が食べる養殖ウナギ3億尾の全てをこの人工孵化仔魚でまかなうことにある。少なくとも平均孵化率は50％以上となるように、催熟方法はさらなる技術的な改良を行う必要がある。

ウナギの受精成績が低く、しかも変動する要因として、以下の事柄が指摘されている。①ホルモンの投与方法、特に排卵誘発のための成熟誘起ステロイドの投与のタイミングが不適切、②排卵後の人工授精のタイミングが不適切、③催熟によって産み出される卵の栄養成分の蓄積が不充分、などである。多くの研究機関が、これらの要因の解明に向けて懸命な努力をつづけているところだが、以下にこれまでにわかったこと、わかりつつあることを紹介する。

排卵誘発のタイミング

雌の催熟には、サケ脳下垂体抽出液の投与によって卵黄形成を促し、それが終了した時点で成熟誘起ステロイドを投与している。この成熟誘起ステロイドを投与するタイミングをいつ、どのようにすればよいのかが、最も多くの研究者が取り組んでいる課題である。

現在実施されているホルモン投与は、月曜日から始まる1週間ずつを区切りとして行われている。毎週月曜日にサケ脳下垂体抽出液を投与するが、雌の成熟度の進行の目安には、まず体重変化を用いる。サケ脳下垂体抽出液の投与のたびに麻酔をかけるので、その際に雌の体重を測定する。催熟期間中は餌を食べないため、体重は徐々に減少していく。卵黄形成がほぼ終了するころになると、雌の体内に存在する水分が卵内に向けて移動を始める（前節を参照）。雌は生きていく上で必要な体液を卵に吸収されてしまうので、その水分を補給するために海水を多く飲み込むようになる。それにともない、雌の体重の増加が起こる。催熟に取り組んでいる研究者は、この雌の体重変化を用心深くチェックしている。月曜日の注射時に、体重が最初に注射を開始した時の100％を越えると、卵の成熟度を確認するため、成熟途中の卵巣卵を取り出してその直径を測定する。これはカニューラ法と呼ばれ、生殖口から細いビニールパイプを挿入し、卵巣卵を少し吸い出してその卵径を測定する。

卵巣内にはいろいろな成熟段階の卵が混在しているが、その中の最大卵径に注目する。それが750㎛以下の場合は、その雌はまだ排卵誘発をするには未熟と判断し、次週の月曜日の注射まで飼育をつづける。一方、最大卵径が750㎛を越えていたら、その雌はその時点で排卵誘発対象魚として、成熟親魚用水槽に移動させる。そして翌々日の水曜日にもう一度サケ脳下垂体抽出液を注射し、翌木曜日には成熟誘起ステロイドを投与する。

月曜日には最大卵径の大きさにかかわらず、全ての雌にサケ脳下垂体抽出液を注射するので、その影響で排卵誘発対象魚の卵径も750㎛からさらに増大し、水曜日には800㎛以上に達している。そして再度のサケ脳下垂体抽出液の注射でもうひと回り増大し、成熟誘起ステロイドを投与する段階では、およそ850〜950㎛にまで達している。このような手順でホルモンを投与すると、ステロイドを投与してから12〜18時間後にほとんどの雌が排卵する。

このように雌の排卵誘発を行うか否かのポイントは、月曜日における「雌の最大卵径750㎛」を境界線として決定されていることがおわかりかと思う。この「750㎛以上の原則」を無視して、大きな卵を持つ雌にさらに週1回のサケ脳下垂体投与をつづけると、卵の吸水にともなって卵径はさらに増大し、その後でステロイドを投与しても過熟状態となり、すでにステロイドに反応できなかったり、たとえ排卵しても受精できないような過熟卵を産むようになる。

吸水がさらに進むと体重もどんどん増えていき、場合によっては排卵もせずにお腹（卵巣）をぷっくりと膨らませたまま死亡してしまうこともある。逆に月曜日の卵径が750㎛以下の雌を排卵誘発魚に指定し、水曜日にサケ脳下垂体抽出液、木曜日に成熟誘起ステロイドを投与しても排卵は起こらず、長かったホルモン投与作業が無駄に終わってしまう。

毎週月曜日のサケ脳下垂体の投与によって、成熟後期の吸水にともなう卵径の増大と過熟化は急速に進む。月曜日の時点では750㎛以下であっても、月曜日に投与したサケ脳下垂体により、その雌が平均以上に吸水が進み、翌週の月曜日にはすでに過熟状態になってしまうことも珍しくない。その対応策

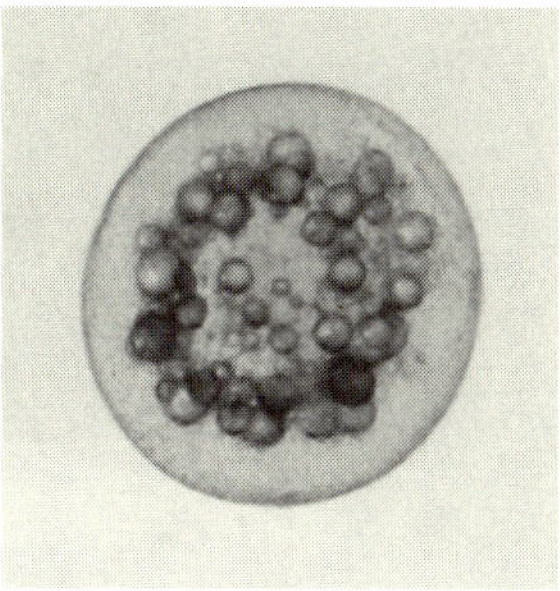

3.44 カニューラ法により卵巣から取り出した、排卵誘発を行う前の卵。油球の粒が卵内に散在して認められる（写真提供：鵜沼辰哉〈北海道区水産研究所〉）

としては、脳下垂体投与による成熟後期の吸水反応をできるだけゆっくりと起こさせるという方法が考えられ、そうすれば、いいタイミングを外す危険性が低くなる。

そこで、成熟の後期になると雌親魚の飼育水温を5℃程度低くし、サケ脳下垂体に対する卵の反応を遅くする工夫がなされている。また、月曜日の段階で卵径が750㎛より大幅に大きくなってしまったら、水曜日のサケ脳下垂体と木曜日のステロイド投与を1日ずつ早めたり、あるいはサケ脳下垂体の追い打ちはやめて、月曜日のサケ脳下垂体の翌日にステロイドを投与したり、というふうに臨機応変に投与を行う研究機関もある。

これまでに述べた、卵径の変化を指標としてステロイド投与のタイミングを決定する方法に加えて、成熟にともなう卵内のpH値の変化や形態の変化、特に油球の形態変化を詳細に解析し（3・44）、それを指標としてステロイド投与のタイミングを最終決定する手法も検討されている。急速に起こる成熟の最終段階の卵内変化と、一瞬に過ぎ去ってしまうステロイド投与のベストタイミングをどのように見つけるか、ウナギの卵質向上を目指し、知恵の限りを尽くした攻防は、今もつづいている。

人工授精のタイミング

前項では排卵誘発を行うタイミングの重要性について述べた。それでは、ステロイド投与をベストのタイミングで行えば、受精成績は常に高い値を示すのであろうか。残念ながら、まだその先にも難関が待ち構えている。それは、排卵後の時間経過で卵質が急速に低下し、遅れて人工授精をすると、極めて低い受精率や孵化率しか得られないという現象である。

また、その低い受精率、孵化率で生まれてくる仔魚の多くが、3倍体や4倍体といった遺伝的な異常をともなうことも明らかにされている。これらの現象は排卵後過熟と呼ばれ、ウナギだけでなく、多くの魚種に共通して生じる問題である。

この排卵後過熟の起こる要因の一つは、排卵して時間が経つと、受精後に起こる卵の減数分裂の進行が正常に進まなくなることにある（3・45）。成熟誘起ステロイドを投与した後、平均すると15時間前後には排卵が起こる。排卵のチェックはステロイド投与の15時間後から行っているが、その時点ですでに排卵している雌も多く、それらの卵が排卵後過熟になっていることもある。それではもっと早くから排卵のチェックをすればよいかというと、排卵までまだ時間のある雌を何度も網で掬って腹部をチェックすると、今度はそのストレスによって雌親魚が排卵しなくなったり、排卵前に卵質が低下したりといっ

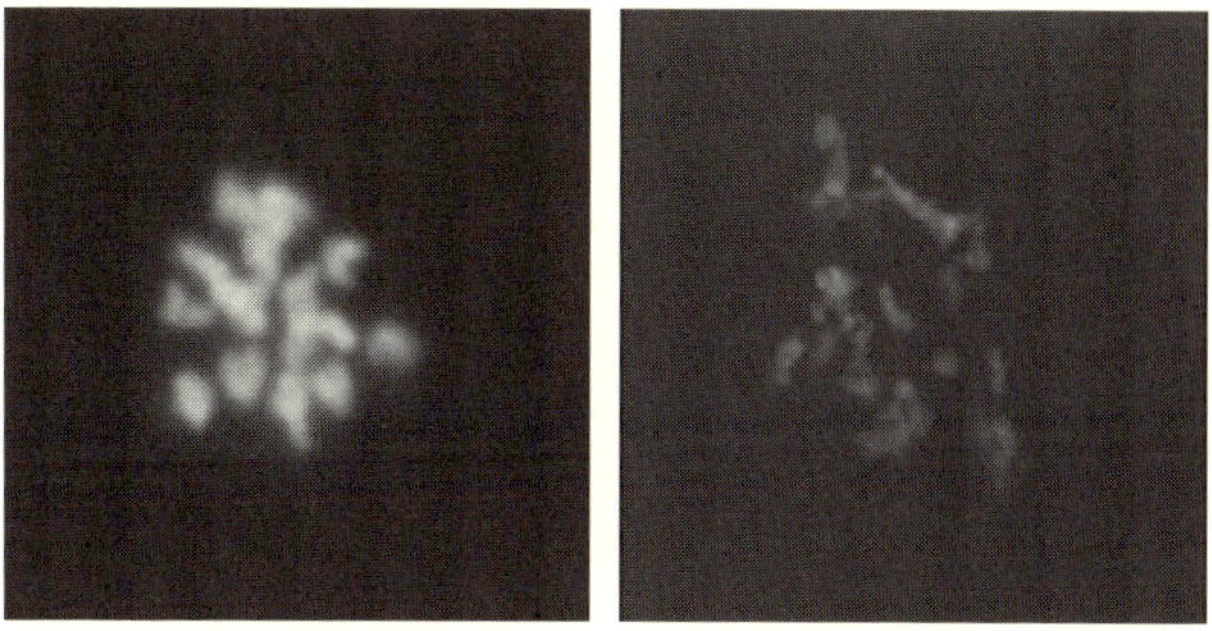

3.45　排卵した卵の染色体像。第２減数分裂中期の染色体がきれいに並んでいる（左）。排卵後の過熟化で染色体が配列を乱している像（右）

た現象が起こる。

雌がいつ排卵するかを正確に予測できず、そのために人工授精のタイミングが遅れてしまうくらいなら、いっそウナギ自身に受精のタイミングを決めさせてはどうか。すなわち誘発産卵による採卵法である。

人工授精法に比べると誘発産卵法は歴史が浅く、いまだ手探り状態で採卵を行っている段階にある。たとえば、誘発産卵をさせるための雌へのステロイド投与は、人工授精を前提とした投与と同じ方法でよいのか。雄の催熟方法はどうすればよいのか。産卵水槽に入れる雌と雄の数は、どのような組み合わせがよいのか。雌との産卵行動に積極的に参加するような雄をどのように選べばよいのか。まだまだ検討すべき課題が多く残されている。

卵への栄養強化

排卵誘発方法の改良や人工授精のタイミングを外さないといった工夫は、卵の最終成熟過程を正常に進行させて、卵質（受精成績）を向上させようという試みであった。このような現行技術の改良に加え、生まれてくる卵の中身そのものを改善して、受精成績の向上を図ろうという研究も進んでいる。

受精して発生を開始する卵内には、摂餌開始までの成長に必要な栄養素が充分に蓄積されている必要がある。増養殖研究所の古板《ふるいた》博文らは、ウナギの受精卵や孵化仔魚が健全に育つのに必要な成分と濃度を明らかにし、そのような卵を産む雌をつくればよいと考えた。

受精した後の孵化率や孵化後の生残率には、大きなバラツキがある。そこで受精成績の良い卵に多く含まれていて、悪い卵には少量しか含まれていなかった栄養素を分析し、その栄養素を排卵までに卵内に多く取り込ませようという戦略である。その結果、彼らは受精成績の良い卵はビタミンC含量が多く、ビタミンEを適正量含有しているという特徴を持つことを見出した。

このような卵内に存在する物質は、雌親魚の筋肉などに蓄積されていた栄養素が卵に移行することにより蓄積されていく。雌親魚にホルモン投与を開始すると餌をとらなくなるので、ホルモン投与の前の雌を養成する段階で、ビタミンを強化した飼料を食べさせたり、催熟中にビタミン類を注射するといった方法で卵内への取り込み量を増やす実験が行われた。結果にはまだバラツキが見られるが、これらの処理で雌親魚から得た卵の受精成績が向上することが明らかとなってきた。

今後の課題

ウナギの催熟技術の現状と、直面している問題点について述べてきた。ウナギの受精卵を必要量確保し、次に少しでも良質な受精卵や孵化仔魚を得るため、絶え間ない努力がつづけられている。わが国に限らず、世界的にシラスウナギの資源量の減少が極めて深刻な問題となっている。日本人が食べるウナギのせめて数％でも、完全養殖で生産したウナギに切り替えていく努力が必要である。たとえ1％といえども、わが国が消費しているウナギの量からすると、300万尾という天文学的な数字になる。今現在は、孵化した仔魚を高密度で飼育できないことが、シラスウナギの大量生産の障壁となっているが、より高品質な受精卵と孵化仔魚の大量生産もまた、将来の「養殖シラスウナギの流通」の大前提となる。そのための技術開発として、催熟技術の効率化、省力化はもちろん重要である。

また、現在の催熟作業では、雌の親魚には雌化して養成した500g程度のウナギを用い、雄の親魚は250g程度の養殖ウナギをそのまま用いている。すなわち、催熟用の親魚はほとんど大きさのみで選別を行っており、それら親魚の質的な差異が催熟結果を左右する可能性については、まだ充分に検討されていない。

完全養殖がついに達成された今、成熟しやすいウナギ、上質な卵や精子をつくるウナギ、自然産卵が上手なウナギ、病気にかかりにくくストレスにも強いウナギを選別し、その子供を継代的に選抜してその形質を強化していく、すなわちウナギの育種作業も現実の課題となってきた。このような親魚を用いて催熟を行うことができれば、良質卵の生産も飛躍的に効率化されるであろう。

ウナギの育種という仕事は、これまでのウナギ研究に要した50年の歴史以上に地道な努力が必要となる。しかし、近年急速に発展したゲノム解析手法や配偶子の凍結保存などの技術を駆使することにより、育種に要する時間と手間を短縮、簡便化できることは自明である。わが国民の熱烈なウナギニーズに対応していくため、これらの技術開発をより一層精力的に進めていくことが大切と考える。

第**4**章

ウナギを育てる

田中秀樹

1　ウナギの赤ちゃんは育つのか？

衝撃の出会い

生まれて間もないウナギの赤ちゃんの姿を私が初めて目にしたのは、今から30年以上も前、水産学専攻の大学院生の時だった。何気なく立ち寄った大学生協の書籍部で、いつものように水産学や魚類学の本が並ぶ棚を眺めていた時、一冊の本が目にとまった。『ウナギの誕生――人工孵化への道』（山本喜一郎著、北海道大学図書刊行会）であった。

新書版程度の大きさの地味な本であったが、なぜか気になって手にとり開いてみると、扉の内側の写真に目が釘づけになった。そこには、孵化直前から孵化後数日までのウナギの赤ちゃんの姿があった。孵化前後の姿は古墳から出土する勾玉のような格好である。少し成長すると、眼や口ができてくるが、およそ魚らしい顔つきではなく、丸っこい坊主頭にぎょろりとした眼、口は身体の先端ではなく腹側に開いている。しかも、生まれて間もないというのに頑丈なペンチのような顎を持っており、何となくセキセイインコのような顔つきである（4・1参照）。

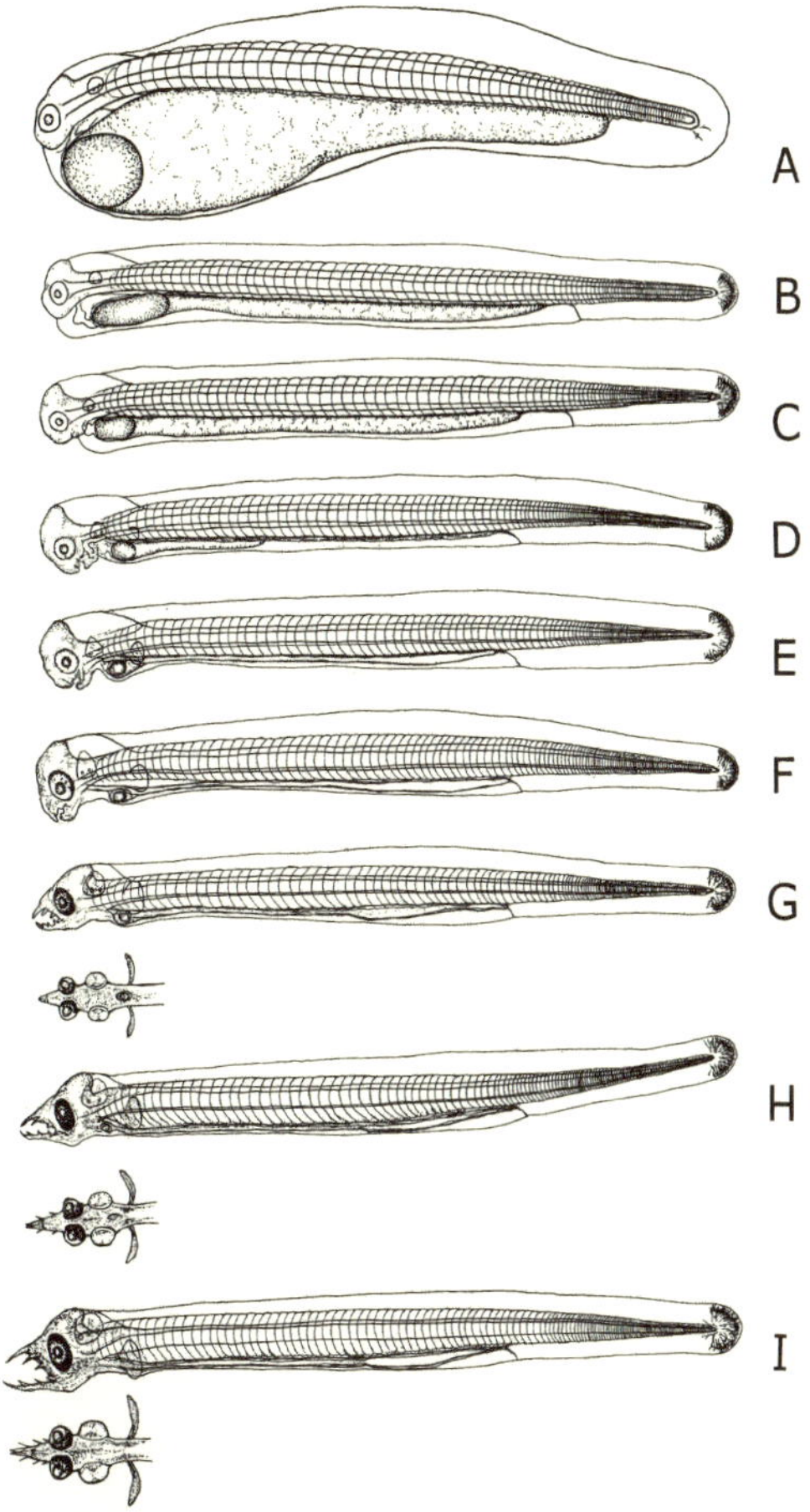

4.1　25℃で飼育したウナギ孵化仔魚の発育
A：孵化後 0 日、全長 2.75mm／B：孵化後 1 日、4.96mm／C：孵化後 2 日、5.96mm／D：孵化後 3 日、6.58mm／E：孵化後 4 日、6.63mm／F：孵化後 5 日、6.90mm／G：孵化後 6 日、7.18mm／H：孵化後 7 日、7.26mm／I：孵化後 8 日、7.13mm（出典：『三重大学大学院生物資源学研究科紀要』〈吉松隆夫著、第 37 号、13 ページ〉より）

ウナギの赤ちゃんというと、「レプト何とか？」という、柳の葉のような形をした透明で平べったいものだというあやふやな知識があったが、目の前の写真は、記憶の中の「レプト何とか」とはまったく似ても似つかぬ、奇っ怪な代物だった。それと同時に、自然界では有史以来人類が眼にしたことのないウナギの卵や孵化直後の姿が実験室から明らかにされたという事実は、私にとっては宇宙人に出会ったのと同じくらいの大きな衝撃であった。その本は１３００円と、当時の学生にとっては少々高価なものだったが、迷わず購入し、下宿で何度もくり返し読んだのを覚えている。

私が「魚飼い」を目指すまで

私は物心ついた頃から、魚を飼うのが好きだった。家の近所の用水路や水田でフナやメダカやドジョウを掬ってきては、庭の片隅に置いた古いタライにせっせと溜めこんでいた。しゃがみ込んで眺めていると、フナはいつも水面で口をパクパクさせているので、お腹が空いているんだと思ってご飯粒をやってもちっとも食べてくれず、いつもすぐに死なせてしまっていた。水面でパクパクしているのは餌をねだっているのではなく、酸素が足りずに苦しんでいるんだということを知ったのは、小学校の高学年になってからだった。

ちょうどそのころ、近所のスーパーマーケットに観賞魚売り場ができた。母の買い物について行くたびに、用もないのに観賞魚売り場に入り浸り、金魚や熱帯魚を飽きずに眺めていた。すると、別にねだったわけではないが、ガラス製の水槽とエアーポンプの飼育セット、金魚を2匹買ってくれた。しかし、60㎝の水槽に金魚2匹ではいかにも寂しい。

家族みんながそう思っていたところ、翌年のこどもの日に、例のスーパーマーケットで「先着○○名様に、錦鯉の子供無料進呈」という客寄せイベントが開催された。私は母と二人で何度も並び、全部で11尾の小さなコイを手に入れた。錦鯉の子供といっても、選別されて捨てられる運命の駄ゴイである。それでも、紅白や三色、ひいき目には黄金に見える黄ゴイなど、色とりどりの鯉が泳ぐ水槽を眺めては、胸をときめかせたものである。

どうせ飼うなら上手に飼いたい。子供心にそう思い、『錦鯉の飼い方』というハウツー本を買って、錦鯉の鑑賞法、池のつくり方、餌の種類や与え方、水の管理などを勉強した。その本の中で特に心惹かれたのは、繁殖について書かれたページであった。

「たくさん生まれる中には、よいものも出る」

当時、田中角栄が首相になり、目白の豪邸できらびやかな錦鯉に餌をやっている姿がテレビに映し出されていた。高価な錦鯉を買うことなど望めない少年でも、卵を産ませて、たくさん育てればよいコイも出てくるかもしれない。少年の夢は膨らんだ。しかし、コイはそう簡単に卵を産んでくれなかった。数年後ようやく生まれた卵も、孵化後みるみる数が減っていき、最後に生き残ったのは丈夫だけが取り柄の駄ゴイが数匹だけであった。せっかく生まれた数千の命が、目の前で次々に失われていくのを見るのはつらかった。

本で読んだ知識だけじゃダメだ。もっと本格的に勉強して、魚を上手に飼える「魚飼い」になりたい。私が大学で水産学を専攻したのは、このような思いからだった。ところが、私が入学した大学では、当時、「魚を孵化させて育てる」といった研究は行われていなかった。少々残念ではあったが、授業では魚類やその他の水産生物についての幅広い知識を得ることができた。

卒論と修士論文の研究では、ナマズ、ウナギ、スズキ、コイ、ニジマス、ブリ、マグロ、アンコウ、アカエイ、ホシザメなど多くの魚種の消化酵素を精製して、その性質を明らかにするというテーマを選んだ。この研究で、同じ魚類でもどんなところに住んで何を食べているかによって、体や消化器官の構造も、消化酵素の種類や活性の強さも、まったく違っているということが深く記憶に刻み込まれた。このことは、後にウナギの赤ちゃんの飼育に取り組むに当たり、基礎知識として少なからず役に立っていると思う。

魚の赤ちゃんを育てる

大学院修了後、私は設立されて4年目の水産庁養殖研究所に職を得た。配属先は繁殖生理部発生生理研究室。今度こそ、魚を育てる研究ができると希望に胸を膨らませて赴任したが、発生生理研究室では二枚貝とクルマエビの研究が行われており、魚の専門家はいなかった。

「魚の担当はキミだよ」
自分の父親より年上で、二枚貝が専門の研究室長からそう言われても、大学でやってきたこととは少し分野が違うので、いきなりプロの世界で通用する研究ができる自信はまったくなく、途方に暮れた。1年目はとにかく、魚類の繁殖や発生に関する本を読んで勉強した。同時に、クルマエビの先生から、大学では教わらなかった組織学を学んだ。顕微鏡観察によって組織や器官がどのような生理状態にあるのかを読み取る組織学は、生物全般に共通する部分が多く、この時学んだことは今日まで大いに役立っている。

翌年、南勢庁舎の水温制御実験棟が稼働し始め、海産魚の飼育実験が可能になったのを機に、遺伝育種部の福所《ふくしょ》邦彦育種研究室長が、孵化直後のマダイやヒラメの仔魚を使った飼育実験を開始した。私は、二枚貝が専門の発生生理研究室長の計らいで福所に弟子入りさせてもらい、ようやく念願叶って海産魚の仔魚飼育実験グループに加わることができた。

仔魚はただ小さいだけではなく、まだ鱗がなかったり、ひれが未完成であったり、ほとんど色素がないためにその種類特有の色や模様がないなど、成魚とはかなり違った姿をしているものが多い。消化器官などの内臓も未発達なため、餌もひと口で飲み込めるくらい小さくて消化のよいものしか利用できない。人間でいえば、ミルクしか飲めず、いろいろと世話のかかる乳児期に相当する。それに対して稚魚は、まだ小さくてプロポーションは多少異なるものの、骨格やひれや鱗がひと通り完成して成魚と似た姿になり、運動能力が飛躍的に高まるとともに、消化器官も発達して消化機能が高まるので、基本的に成魚と同様、いろいろな餌を食べられるようになる。人間でいえば幼児期だと思ってもらえばよい。

私はそれまで、コイやキンギョのような淡水魚の仔魚しか見たことがなかった。コイやキンギョは、孵化した時にはすでに眼が黒く、泳ぎ始めると間もなく配合飼料をすりつぶしたものを食べてくれるので、何とか育てることができる。目の細かい柔らかいタモであれば、掬っても大丈夫である。

ところが、分離浮性卵（第3章参照）から生まれる海産魚の仔魚はまったく違っていた。ヒラメの例では、孵化直後は全長約2㎜。口も肛門もまだできておらず、眼も黒くない、非常に未熟な状態で孵化してくる（4・2、A）。

4日経ってようやく口と肛門がはっきりしてくるが、眼はまだわずかに黒くなり始めたところだ（4・2、B）。孵化後10日経てば、すでに眼も黒くなって餌を食べ始めているが（4・2、C）、身体は仔魚膜という薄い膜に覆われており、タモで掬ったりするとたちどころに仔魚膜に傷がついて、ちりちりと縮こまって即死である。本来大海原に分散して浮遊しているこれらの仔魚の身体は、堅いものに触れることを想定した設計になっていないので、このように無防備で繊細なのだろう。

ヒラメやマダイなど、当時飼育可能であった海産魚の仔魚に、孵化後最初に与える餌は、ワムシという0・2㎜前後の大きさの動物性プランクトンである（4・3）。ワムシは、もともと塩分の混じったウナギ養殖池に大量発生して、水質の急変を引き起こす嫌われ者であったが、急激に増殖する性質を利用

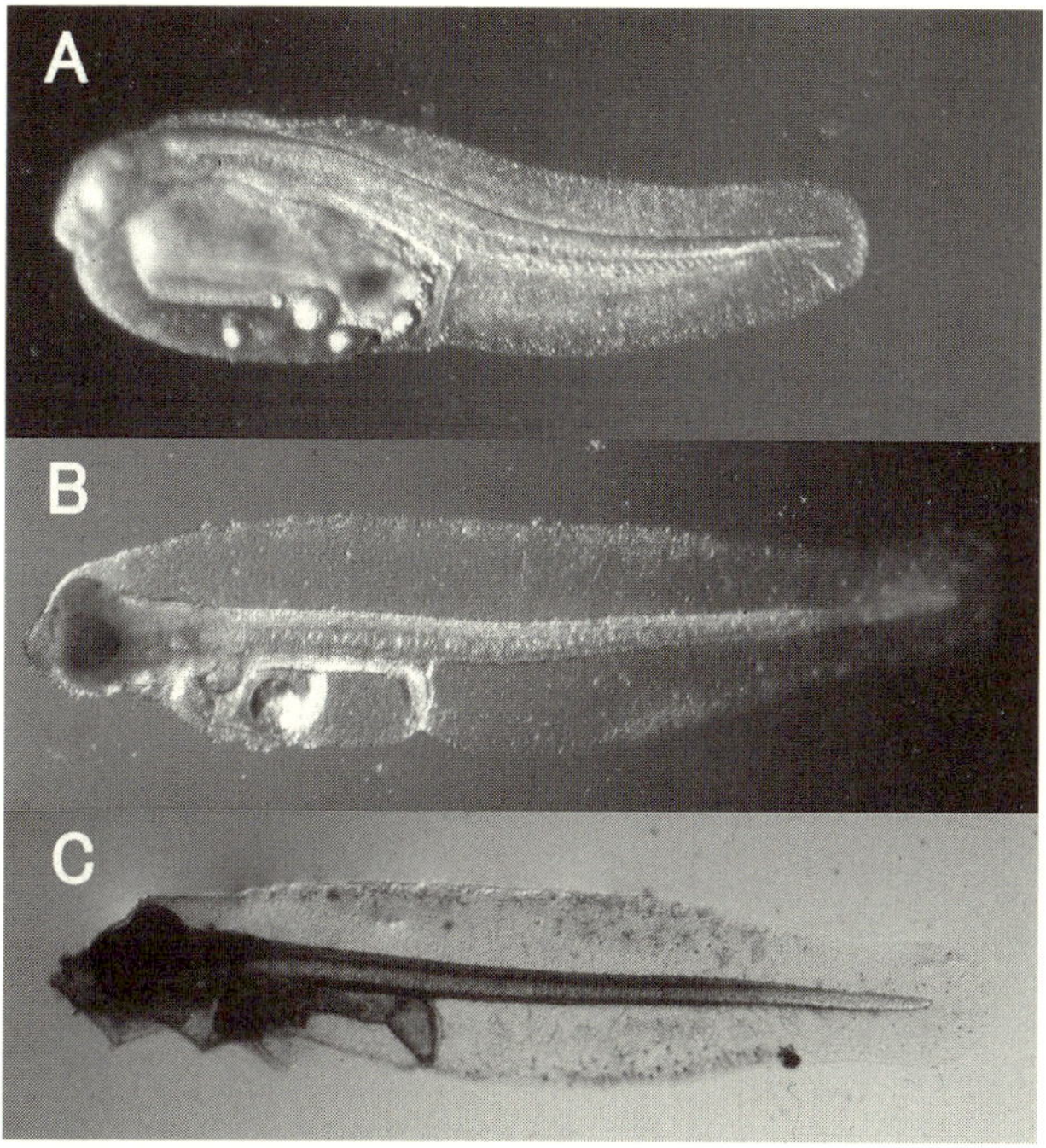

4.2　人工孵化したヒラメの仔魚
A：孵化後 0 日、全長 2.0mm／B：孵化後 4 日、3.5mm／C：孵化後 10 日、4.2mm

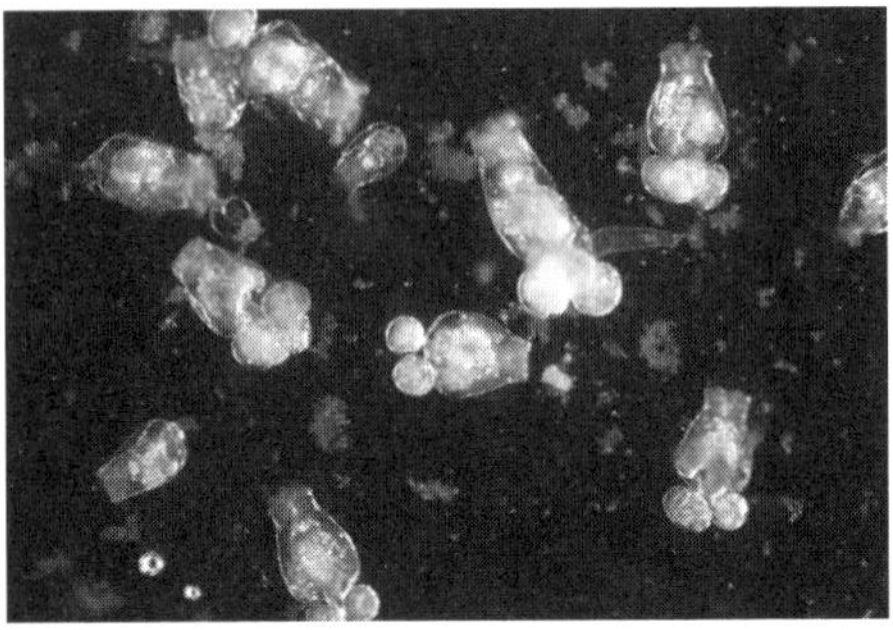

4.3　海産魚仔魚の最初の餌として定番のワムシという動物性プランクトン。長さは 0.2mm 前後

して大量に培養する技術が開発されたため、海産魚の初期餌料に使われるようになった。

　ワムシは本来、クロレラなどの植物プランクトンを餌にして増殖するが、パン酵母のような入手しやすいものを餌にしても大量培養が可能である。ところが、パン酵母で培養したワムシをヒラメやマダイの仔魚に与えつづけると、最初は順調に成長するものの、数日後には大量に死んでしまい、ほとんど生き残らない。その原因は長い間不明であったが、海産魚の仔魚に必要な栄養成分であるドコサヘキサエン酸（ＤＨＡ）やエイコサペンタエン酸（ＥＰＡ）という脂肪酸が、パン酵母で培養したワムシには絶対的に不足していることが、ようやくそのころ明らかにされたばかりであった。

　福所グループの研究は、海水に肥料を加えて培養したテトラセルミスやナンノクロロプシスという、聞き慣れない名前の微小な藻類を使ってワムシの栄養を強化し、そのワムシでマダイやヒラメの仔魚を育てて、生き残りの率や成長を調べるというものだった。実験を始める時は容量100ℓの透明な円筒形のプラスチック製水槽をたくさん並べ、孵化後2週間程度、予備的に飼育して餌付けした仔魚を各水槽に1000尾ずつ数えて収容する。数えるといっても全長約5㎜程度で、眼以外はほぼ透明な仔魚である。しかもタモで掬えば死んでしまうほど弱い。これをどうやって大量に数えるのか。

福所方式は、予備飼育水槽からバケツで海水ごと仔魚を掬い、バケツの中の仔魚を今度は内側が白い茶碗で数尾ずつ掬って、茶碗の中に見える黒い点（仔魚の眼）を数えながら飼育水槽に優しく移していく。100尾数えるごとに水槽の前に貼り付けた紙切れに「正」の字を書いて、また別の水槽に移動して同じ作業をする。多くの若い研究者や学生が動員され、人海戦術での作業である。

「手間がかかるけど、この方法が一番なんです」

福所は、穏やかだが有無を言わせぬ口調で言うのであった。

それぞれの水槽には細かい気泡を出すエアストーンを設置し、通気（エアレーション）を行って酸素を補給するとともに穏やかに飼育水を撹拌して、ワムシと仔魚が均一に分散するようにする。水質と水温維持のために少しずつ注水し、排水は仔魚が通り抜けない細かい目のネットを張ったアンドンと呼ばれる装置をつけたホースを用い、サイフォンの原理で一定の水位を保つようにする（4・4）。それぞれの水槽にはいろいろな方法で栄養強化したワムシを、海水1㎖当たり5個程度の密度を保つように給餌する。毎朝、長いガラス管にゴムホースをつけたサイフォンで水槽の底を掃除し、吸い出されてきた水

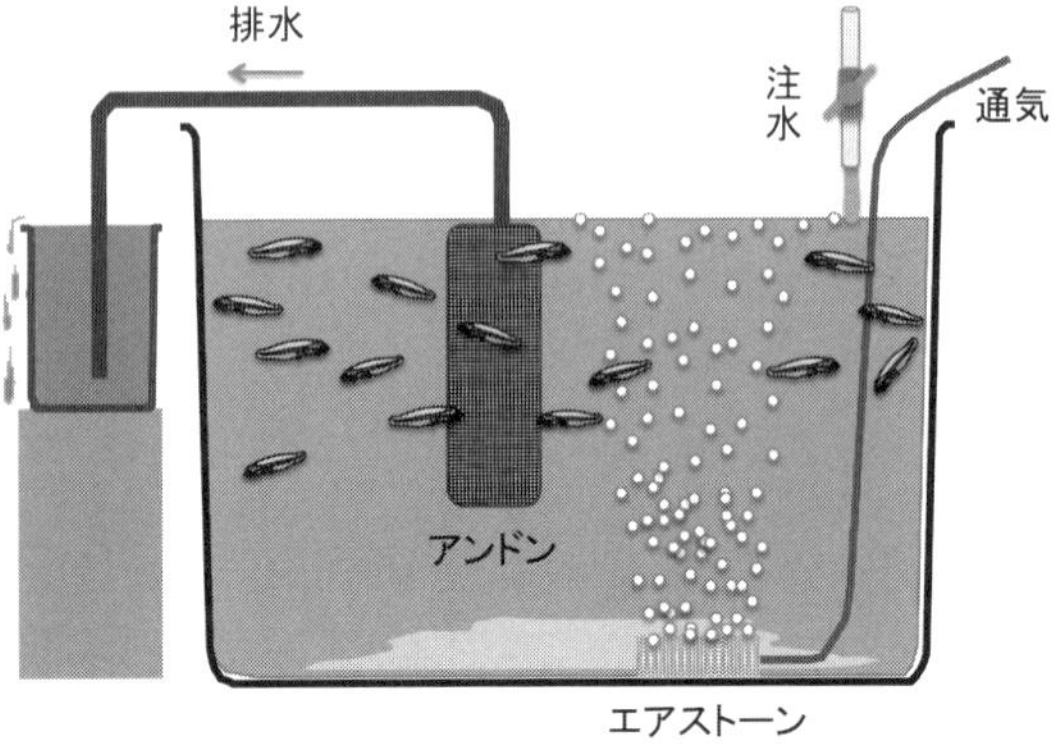

4.4　海産魚仔魚の飼育実験水槽。水槽の大きさは水量100ℓ、500ℓ、1000ℓなどが使われる。水槽には細かい気泡を出すエアストーンを設置し、通気（エアレーション）を行って酸素を補給するとともに穏やかに飼育水を攪拌して、ワムシと仔魚が均一に分散するようにする。水質と水温維持のために少しずつ注水し、排水は仔魚が通り抜けない細かい目のネットを張ったアンドンと呼ばれる装置をつけたホースを用い、サイフォンの原理で一定の水位を保つようにする

をいったんバケツに溜めて、生きている仔魚を水槽に戻すとともに、ワムシの死骸や仔魚の糞などのゴミに混じっている仔魚の死体を数えて、生残率の推移を計算する。実験期間中は1日の大半の時間、海水にまみれて飼育実験室で過ごすことになる。

「なんと手間のかかることか！」

「もっと合理的な方法はないのか？」

と、思わず叫びたくなる気分を察して、福所は言うのであった。

「手間がかかるけど、この方法が一番なんです」

実験は、マダイ、ヒラメのほか、クロダイやイシダイでも実施された。確かに、ワムシの栄養強化によって仔魚の成長や生残が改善されるのを目の当たりにし、地道な努力が確実に結果に結びつくことを知った。魚種によってそれほど栄養強化

しなくても大丈夫なものもあれば、しっかり栄養強化しないと育ちにくいものもあることも実感した。一連の実験で、海産魚の仔魚飼育の基礎を教えていただいたと同時に、忍耐を学んだことが最大の収穫であったと思う。そして、海産魚の仔魚はワムシなしでは育たないが、きちんと栄養強化したワムシを充分量食べさせることができれば、絶対育つという確信を得た。

この思い込みが、後にウナギの仔魚を育てる上で、長い回り道に導くことになるなんて、この時は知る由もなかった。

ウナギの仔魚との対面

その翌年の年末、繁殖生理部に新設された繁殖技術研究室長として、本書第1章の著者でもある廣瀬慶二が着任した。当初、廣瀬がウナギに強い思い入れがあることはまったく知らなかった。しかし、ウナギを成熟させて産卵させる研究は密かに、地道に始められていた（第1章参照）。卵の質が悪くて全然孵化しなかったり、よさそうな卵が採れたのに精子を出す雄がいなかったりと、うまくいかないことが何度かつづいた後、1987年3月10日、ついに良質の受精卵がかなり大量に得られた。

2日後に孵化。水槽内のウナギの仔魚は、まだ眼も黒くなく、全身ほぼ透明で、頭を上にしてほぼ垂直に浮遊し、ほとんど泳がない。無数の仔魚が水槽全体に浮遊している様は、霧雨をハイスピードカメラで撮影して、ストップモーションにしたようだ。

「秀樹君、何か餌をやってみて」

ちょうどそのころヒラメの仔魚を飼育していた私に、廣瀬からうれしい指令が下った。

日本で世界初の人工孵化に成功してから14年。ウナギの孵化仔魚に餌をやって育てることに成功した者は、まだ誰もいなかった。これまでウナギの研究は主に淡水魚の研究施設で行われてきたために、海産魚の仔魚飼育のための設備も経験も不充分だったに違いない。今回は、海産魚の仔魚を飼うための施設での挑戦である。蛇口をひねれば、温度を調節した濾過海水がいくらでも出てくる。ワムシも準備できている。育つ可能性は充分にある。もしも育てることができれば画期的な成果である。胸が高鳴った。

孵化後4日目。口が開くのを見計らってワムシを給餌する。この時、水温が20℃程度と低かったので、4・1のD程度の発育段階であった。まだ眼は黒くない。仔魚はワムシには見向きもせず、ただ浮遊し、時おり驚いたように身をくねらせて移動する。仔魚を取り上げて実体顕微鏡で観察しても、まったく食べていない。

ワムシが大きすぎるのだろうか。プランクトンネットでふるい分けて、小さいワムシをやってみるが食べない。さらに小さい餌として、カキの卵や微粒子配合飼料（海産魚の仔魚のために開発され、市販されていた粒径0・1㎜程度の粉末の餌）もやってみたが食べない。仔魚は日ごとに姿を消していき、孵化後14日目にはついに1匹も見当たらなくなった。

手も足も出ない。完敗である。マダイやヒラメとはまったく違っていた。キジハタという孵化仔魚が全長2㎜足らずで口も小さいために極めて飼育の難しい魚種でも、カキの卵や小さいワムシをやれば、少しは食べて育ってくれた。ウナギはまったく別世界の生き物だった。当時は散発的にしか受精卵が得られなかったので、再挑戦の機会はなかなか巡ってこなかった。

先人の足跡

1973年の北海道大学における人工孵化成功の後、国内では静岡県水産試験場、千葉県水産試験場、東京大学が人工孵化に相次いで成功している。そして当然、孵化仔魚の飼育も試みられていた。

北海道大学の山内皓平のグループは、水温19℃で飼育し、14日生存して、最大7㎜に達したと『ネイチャー』誌に報告している。孵化後14日目という写真はクチバシのように歯が前方に突きだし、身体はやせてしっぽの先が黒い。

東京大学の佐藤英雄は、1979年に『遺伝』という雑誌に次のように書いている。

「(水温22～23℃で)孵化後3日目からムラサキイガイの幼生、5日目よりワムシ、7日目より天然採集または培養した動物性プランクトンを与えて、1977、1978年の両年度飼育を行った」

「1978年度は前年度より発育が良く、明らかに後期仔魚期に達している個体が存在した。孵化後17日経過後に全て死亡した。約10㎜に達していると思われる」

受精卵から孵化後15日目までの写真が示されているが、スケールが入っていないので、大きさははっきりしない。最後の15日目の仔魚は身体がやせ細り、頭だけが大きい。「約10㎜に達していると思われる」というのは、実際に測定したのではないのであろうが、育っていてほしいという痛切な願望が読み取れる。

海外に目を転ずると、中国や台湾でもそのころ、ウナギの人工孵化・飼育研究が盛んに行われていた。中国の『水産学報』という学術雑誌には、１９８０年に「河鰻人工繁殖的初歩研究」という論文が掲載されている。その論文には、「第4天仔魚腸道中段内含食物団」という記述が見られる。「孵化後4日目の仔魚の腸の中程には食べたものの塊が含まれている」という意味であろうか。４日目の仔魚はようやくかろうじて口が開いたばかりで、まだ口は腹側にあると思われるが（4・1、E参照）、この時期に餌を食べたりするのだろうか。また、「第14天的仔魚、体長7・6毫米左右」という記述もあるが、「孵化後14日目の仔魚、体長7・6㎜前後」という意味であろう。この論文では最高19日まで生存したと記されている。

『台湾省水産試験場報告』には、１９９２年に「白鰻誘導繁殖試験」という論文が掲載されている。この論文では水温19・5℃で飼育されたウナギの仔魚が、孵化後4日目（全長5・24㎜）にワムシを食べ始め、14日目（全長9・4㎜）には活動力が強まり、ワムシのほかに小型の海産ミジンコまで食べたという（証拠写真はない）。16日で10㎜を超え、20日目には13・6㎜に達し、頭部および身体の外観は天然のシラスウナギそっくりになったという。最高25日まで生存し、全長19・2㎜になったという写真も掲載されているが、どう見ても油球が残っており、眼は黒くなる前の段階（4・1、E程度）のように見える。飼育水温が低いにもかかわらず、驚異的に成長がよく、レプトセファルスにならずにシラスウナギそっくりになったというのは、信じがたい話である。

同じ年には第2章の著者である塚本勝巳の「ニホンウナギの産卵場発見」の論文が『ネイチャー』誌に掲載され、10㎜前後の多数のレプトセファルスの写真が表紙を飾った。この写真をじっくりと眺めると、天然のレプトセファルスの体高（お腹から背中までの幅）は少しずつ違っているものの、細いものでも柳の葉っぱ程度、幅の広いものは桜の花びらのような形をしている。それに対して人工孵化したものは、全長7㎜以上になっても、どの報告例でも虫ピンのように細い。

はたして、人工孵化したウナギの仔魚は正常なのか。育つ可能性はあるのか。到底育たないような未熟でひ弱な仔魚を育てようと無駄な努力をつづけているのではないのか。

それまでに得られていた仔魚がレプトセファルスに育つ道筋は到底想像できない。ウナギの赤ちゃんは育つのか。行く手には一筋の光明も見当たらなかった。

2 どんな環境がいいの？

本格的なウナギ仔魚飼育試験の始まり

1994年の春からウナギを人工的に成熟させるプロジェクト研究が始まることが決まり、養殖研究所の魚類成熟チームはその前年から予備的に、しかしかなり大規模に、ウナギの人工成熟への取り組みを開始した。当時は雌ウナギの入手がネックになっていたが、愛知県水産試験場の協力で雌化した養殖ウナギを提供してもらえるようになったため、このような取り組みが可能になったのである（第1章参照）。その結果、以前とは比べものにならないほど頻繁に受精卵が得られるようになり、くり返し仔魚飼育に挑戦することができるようになった。そこでまず始めに、孵化後の成長と、それにともなう摂餌に関係の深い器官の発達過程を調べた。

22～23℃で管理した卵は、受精後35時間前後で孵化する。孵化直後の全長は、3㎜前後で大きな卵黄と油球を持っている。その後速やかに伸長し、1日後には5㎜前後に達する。孵化後3～4日で口および肛門が開き、5日目には口器の発達が進み、両顎に針状の歯が認められるようになる。5日目まで腹側に開いていた口は6日目には斜め前方に向き始め、7日目までに全長は7㎜を超える。眼の黒化が急激に進むとともに、口は体軸前方に開くようになり、身体をくねらせて泳ぎ始める（4・1参照）。一般に仔魚の摂餌のための主な感覚は視覚であり、眼が完全に黒くなると同時に視覚は機能的になり、摂餌を始めるとされている。油球は孵化後10日目ごろまでに消失し、以後無給餌ではやせ細って衰弱が進み、15日目前後までに死滅する。

消化管は、孵化後3日目にはほぼ中央部で食道と腸に区別できるようになり、その周辺部に膵臓と肝臓ができ始める。仔魚期には胃はないので、膵臓の消化酵素が餌の消化に重要であるが、組織学的観察の結果、消化酵素の粒が孵化後6日目の膵臓に初めて見られるようになり、7日目にはその数が急激に増える。また、小腸と直腸の区分も、このころに明瞭になる。

以上のように、口、眼および消化器官の機能が、孵化後6日目から7日目にかけて急激に発達することから、人工孵化したウナギの仔魚はこのころには摂餌および消化吸収が可能な体制が整うと考えられた。

ついにワムシを食べた！

1994年の1月末、4・4のような水温22～23℃に調整した飼育実験水槽（容量1000ℓ）をセットして、数千尾の孵化後間もないウナギの仔魚を収容した。生まれたばかりでも、ウナギはウナギである。マダイやヒラメの仔魚に比べると非常に細長い。マダイやヒラメを飼育するのと同様の強さでエアレーションをすると、ウナギの仔魚は気泡と一緒に水面まで運ばれ、水面にぶつかって折れてしまうらしい。

そのままではどんどん死んでいくので、エアレーションを弱めてあまり強い水流が起きないようにしてやった。すると今度は水槽の縁近くの流れのないところに浮き上がってきて、水面に張りついて死んでしまう。まったく、世話の焼ける奴らである。何とかだましだまし、眼が黒くなる7日目まで生き残らせてワムシを多めに給餌し、食べてくれと祈る。今回給餌したのは、0・15㎜前後の超小型ワムシである。以前食べなかったワムシよりも、小さくて食べやすいはずである。

給餌後しばらく経ってから、仔魚をビーカーで掬って顕微鏡で観察するが、ワムシを食べている仔魚は見つからない。毎日底掃除をして、仔魚やワムシの死骸、ゴミを取り除き、一緒に吸い込まれてきた元気な仔魚を水槽に戻す。仔魚の眼の発達にともない、9日目ごろから、仔魚は水槽の底の一番暗い部分に向かうようになる。一方ワムシは、明るい水面近くに集まってくる。ワムシと仔魚の完全なすれ違い。これでは食べるはずがない。また、仔魚が底に密集するために、底掃除をするとごっそりと生きた仔魚が吸い込まれ、傷つけないように水槽に戻すのが大仕事になってきた。

絶望的になりかけていたころ、底掃除の廃水から拾い上げられた1匹の仔魚の様子が何か違っているのが目にとまった。何か、お腹がいびつな形をしているのである。すぐに実体顕微鏡で観察してみると

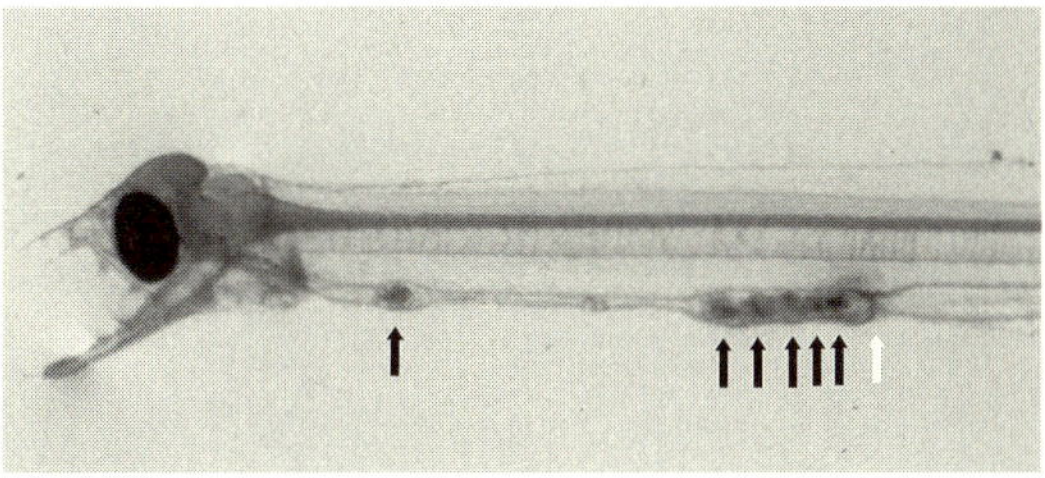

4.5　ワムシを食べたウナギの仔魚（孵化後 13 日）。黒矢印は食道部分に詰まっているワムシ。白矢印は食道と腸の境目のくびれ

食道にワムシが詰まっているではないか（4・5）！

「ついに食べた！　これで育つぞ‼」

研究室は歓声に包まれた。孵化後13日目の仔魚だった。すぐに写真を撮り、論文にする準備をした。これまでにも餌を食べたと主張する論文はあったが、消化管の中に餌が入っている決定的な証拠写真を示したものはなかった。

それからは、底掃除で集められた水の中から、ワムシを食べている仔魚を探す作業がつづけられた。長いガラスのスポイトで吸い取ってはきれいな海水を入れたシャーレに移し、顕微鏡観察する。しかし、ワムシを食べている仔魚はごくまれにしか見つからなかった。しかも、食べていてもほんの2～3個だけという例がほとんどで、多くの場合は食道と腸の境目のくびれの部分に詰まっているように見える。マダイやヒラメなら、喉から肛門までぎっしり詰まるぐらい食べているのが普通である。

結局ワムシを食べて成長する仔魚はおらず、これまでと同様に、17日目には全滅してしまった。きちんと栄養強化したワムシを充分量食べさ

せることができれば、絶対に育つはずである。栄養強化に抜かりはない。今回育たなかったのは、餌を食べた個体が少なく、食べた量も少なかったからに違いない。

なぜそんなに少ししか食べないのか。孵化してから餌を食べるまでの環境が適切でなかったために仔魚の活力が低かったのか、それとも餌を与えた時の環境が適切でなかったために食べられなかったのか。あるいは根本的に、人工孵化した仔魚は正常ではなく、育つ見込みがないのか。

根本的なものはどうしようもないので、まずは餌を食べ始める段階までの飼育環境を見直すことにした。

元気な仔魚に育つ条件

1991年の（東京大学海洋研究所研究船）白鳳丸第5次ウナギ調査航海で、フィリピンのはるか東方のマリアナ海域がウナギの産卵場であることがほぼ特定されたのにつづき、1994年の第6次調査航海でも、同じ海域で1000尾を越えるレプトセファルスが採集され、仔魚の分布やその海域の環境について詳しい調査・研究が行われた（第2章参照）。その結果、ウナギのレプトセファルスは1日のうちの決まった時刻に潜ったり浮上したりすることが示され、夜間は水深50～100m（水温27～28℃）に、昼間は200m（18～20℃）ぐらいのところにいることがわかった。

これらのデータは、仔魚飼育の水温、照度、水圧といった物理環境の設定に重要な情報となるが、残念ながらそのころまでに発見されていた天然のレプトセファルスは小さいものでも全長10㎜前後で、当時の飼育下での成長段階よりかなり発育が進んだものばかりであり、依然として受精卵や孵化後餌を食べ始めるころまでの最適飼育環境は手探りの状態にあった。

北海道大学の例では23℃で人工孵化に成功し、孵化した後19℃で14日間飼育したことが報告されているが、人工孵化および飼育の適水温についての詳しい検討はされていない。そこでまず始めに孵化および初期発育の最適水温を調べてみることにした。幸いなことに、このころから三重大学、近畿大学、東京海洋大学などの学生が、卒業論文や修士論文の研究のために長期滞在して実験を分担してくれたので、非常に手間のかかる実験が可能となり、細かいデータをとることができた。困難な時期に苦労をともにしてくれた学生諸君に感謝したい。

孵化適水温を調べるためには22〜23℃で人工授精を行ったウナギの受精卵を、そのままの水温で3時間卵管理して発生が進むのを確認した後、水温16、19、22、25、28、31℃に保ったビーカーに収容し、孵化率を調べた。その結果、22〜28℃では高い孵化率が得られたが、19℃では明らかに孵化率が低下し、孵化仔魚は身体が曲がった奇形が多く見られた。また、16℃および31℃ではまったく孵化しなかった（4・6）。このことから、およそ25℃前後が孵化の適水温と考えられた。また、孵化するまでの時間は、28℃では24時間前後であったが、19℃では平均50時間以上を要し、一斉には孵化しなかった（4・7）。

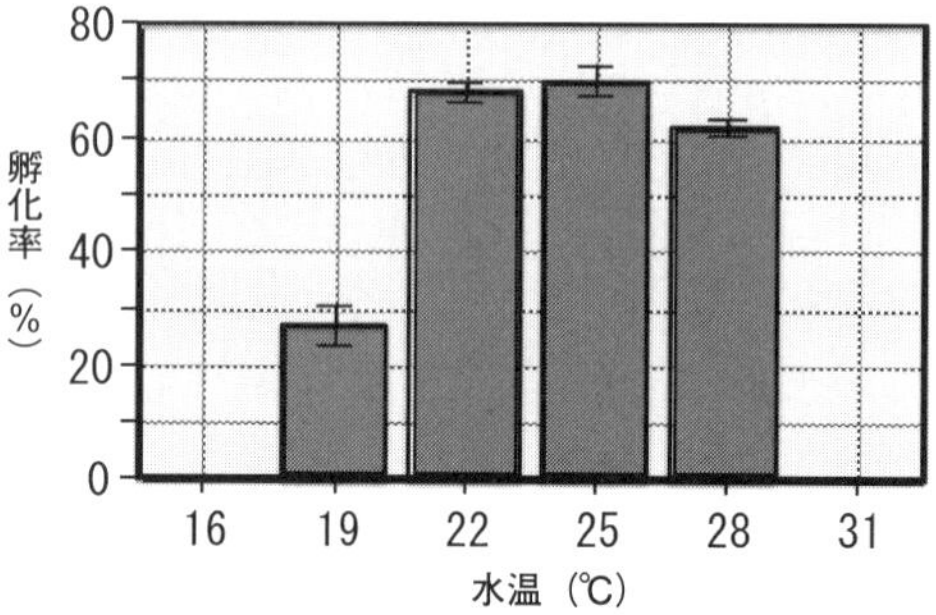

4.6　水温 16〜31℃の範囲でのウナギ受精卵の孵化率

発生＼水温	19℃	22	25	28
孵化開始(時間)	49	35	28	23
開　口(日)	4-5	3-4	2-3	2
眼の黒化(日)	8	6	5	4
油球消失(日)		11	8	
全　滅(日)	24	14	8	6

4.7　水温 19〜28℃の範囲でのウナギ受精卵の孵化および発育に要する時間

つづいて、19〜28℃で孵化した仔魚を、そのまま無給餌で水の交換も行わずにビーカー内で飼育をつづけ、それぞれの温度での発育の進み具合と、毎日の死亡個体数および最終的な生存日数を調べた。発育は高水温ほど早く、眼が黒くなるのに要する日数は28℃で4日、22℃で6日であった。孵化仔魚は、22~28℃では高水温ほど早く死に始め、油球を吸収しつくした後、短期間のうちに全滅した（4・7）。19℃で孵化した仔魚は、孵化後5日目ごろまで身体が湾曲した奇形個体が多数死亡したものの、正常個体は長期間にわたって生きながらえ、最高24日目までの生存が確認された。

以上のように、孵化可能な温度範囲では、低温ほど長期間の生存が観察されたが、これは代謝速度の差によると考えられ、どの温度でも卵黄および油球を吸収しつくすまでに到達する発生段階、全長および体高には顕著な差は認められなかった。高水温は水質の悪化を招き、仔魚の死亡の原因となりがちなので、安定した飼育のためには比較的低温に維持することが望ましいと考えられた。

しかし、最近の研究では、卵および孵化仔魚の飼育環境に関して、当時設定した飼育環境よりも高水温（24~25℃）、高塩分（3・4~3・5％）で最も奇形の発生が少なくなることが明らかになり、この条件はその後の産卵場調査によって、受精卵や孵化直後のプレレプトセファルスが採集されたマリアナ海域の水深160~200mの環境（第2章参照）と非常によく一致していた。

水圧の影響

マリアナといえば深海、深海といえばものすごい水圧。多くの人が自然に連想する図式である。水産研究の専門家も例外ではなく、やはり同じような発想をするものらしい。

「いつまでやっても人工孵化したウナギが育たないのは、水圧が足りないからに違いない！」

「親ウナギも圧力をかければ卵を産むかもしれない」

どこかでそんな話が出たらしく、養殖研究所に海水加圧水槽がつくられることが突然決まった。私も設計会議に参加させてもらい、どのような水槽にするか製造担当のS建設の技術者と意見交換をした。しかし、工学関係の技術者と「魚飼い」の考え方にはかなりの隔たりがあり、S建設の提案する水槽の仕様は、中で生き物を飼うことを考慮したとは到底思えない「厳つい機械」そのものであった。何より気になったのは、材質がステンレスで塗装はしないという点であった。一般に海水に触れる金属製品は錆びないように塗装をするのが普通である。塗装なしで錆びないのかと聞いてみたら、

「高品質のステンレス製ですから絶対に錆びません。念のためにアノードもつけておきます」

S建設の技術者は自信満々に胸を張った。アノードとは、ステンレスよりも酸化しやすい金属を水槽の内側にとりつけて、水槽本体の身代わりとして錆びさせる電極のことである。

およそ半年後、ベールを脱いだ加圧水槽は、脚つきのタイムカプセルのような代物で、とても魚を飼

4.8　加圧水槽によるウナギ受精卵の孵化および発育の観察。
A：加圧水槽全体の姿。左側が受精卵や魚を出し入れするハッチ。水槽上部の明かり取り窓と右側の覗き窓から照明を当てて内部を照らす
B：反対側の覗き窓。窓の内側に、一部穴を開けて水槽内と同じ水圧になるようにしたプラスチックの培養瓶に受精卵を入れて収容
C：デジタルマイクロスコープ（焦点距離の長い拡大率35〜245倍のズームレンズに高解像度のCCDカメラを装着し、モニター上で観察するとともに、写真を撮ることができる装置）で窓の内側の受精卵を観察

う水槽とは思えなかった（4・8、A）。水槽の容量は328ℓ。加圧ポンプによって圧力をかけた海水を押し込み、調圧弁を通して排水することによって、少しずつ水を交換しながら、最大30気圧まで加圧できるしくみである。

水槽内への生物の出し入れは、側面にとりつけられた直径20cmのハッチから行う。ハッチは直径3cm、長さ20cmの巨大なボルト12本で締めつけるようになっており、ハッチの開閉だけでも相当な時間を要する。ハッチから90度の位置の両側に直径10cmの覗き窓があり、水槽内が見渡せるようになっている。窓ガラスの厚

さも、３㎝程度はある。また、水槽内にはパイプやボルトや金具などの突起物がいくつもあり、中でも例のアノードは、ヨウカン程度の大きさのアルミの延べ棒で、ハッチの両脇から水槽内に突き出していた。この水槽の中を、突起物にぶつからずに泳ぐのは相当難しそうだった。

早速、試運転を始める。加圧ポンプはタンタンタン、タンタンタンと三拍子の乾いた音を立てながら水槽に海水を満たし、次第に圧力を上げていく。設定は、リミットに多少の余裕を持たせて25気圧とした。およそ1時間半で25気圧に到達。加圧ポンプの音はかなり小さくなったが、相変わらず三拍子を刻んでいる。水槽内にはかなりの音量で響き渡っているだろう。

試運転開始から数日後、早くもアノードが溶け始め、水槽内に白いもやもやが溜まり始めた。さらに数日後、水槽内の溶接の継ぎ目や注水管の出口が赤茶色に染まり始め、内壁を伝って底に溜まり出した。そして間もなくハッチやパイプの接続部分からぽたり、ぽたりと水漏れが始まった。

ただちにＳ建設の技術者を呼んで赤茶色に染まった水槽内部を見てもらったところ、

「海水中に含まれる微生物が高水圧下で急激に変性して着色した可能性が否定できないので……」

という歯切れの悪い見解。錆びたとは認めようとしない。結局、赤茶色の「異物」を持ち帰って分析することになった。数週間かけて分析した結果、一番多く含まれている元素は酸素、次に鉄、塩素、ナトリウム……、という結果であった。要するに「サビ」である。

絶対錆びるはずがないのにおかしい、おかしいと言ってあれこれ調べた結果、この土地がよくないと言い出した。地面に電気的な勾配があって、水槽の脚の片方からもう一方へ電気が流れるために、電気的な腐食が起きたというのである。対策として、さすがにお祓いはしなかったが、水槽は全て分解され、腐食した部分は補修し、要所要所に絶縁体を挟んで組み立て直された。アノードはこれでもかというぐらい巨大なものに取り替えられた。

その結果、何とか短期間なら水漏れせずに実験ができそうになったので、高水圧下でウナギの受精卵を孵化させると何か違いが出るかどうか調べることにした。水槽内の覗き窓の内側に、透明なプラスチック製の培養瓶に入れた受精卵を置いて、ただちにハッチを閉めて25気圧(水深240m相当)まで加圧する(4・8、B)。培養瓶には小さな穴を開けて、瓶の中も水槽内と同じ圧力になるようにしてある。そして窓の外からデジタルマイクロスコープ(拡大率35~245倍のズームレンズに高解像度のCCDカメラを装着し、モニター上で観察するとともに、写真を撮ることができる装置)で加圧された受精卵の様子を観察した(4・8、C)。対照として、水槽の外にも同時に採れた受精卵を置いて比較を行った。水温は23℃に設定したが、加圧ポンプの熱で水槽内は1℃高い24℃になっていた。

その結果、温度が高い分、25気圧の方がやや孵化が早かったが、孵化してきた仔魚は1気圧でも25気圧でも、まったく違いは認められなかった(4・9)。孵化した仔魚を25気圧に加圧して3日目までの観察も行ったが、1気圧と特に違いは見られなかった。

実に大変な思いをしてやっと実現した加圧実験であったが、少なくとも受精後数日間については「圧

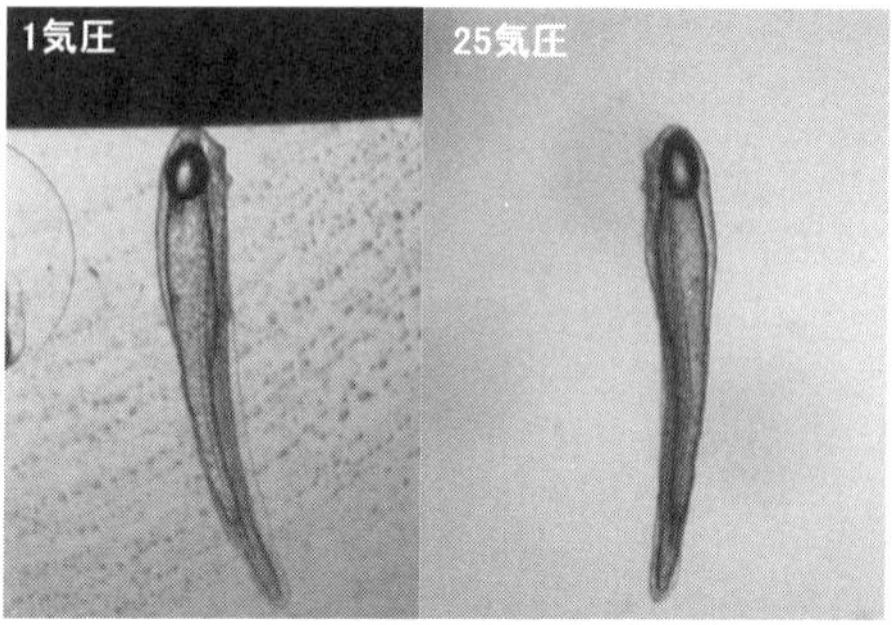

4.9　1気圧と25気圧の水圧のもとで孵化したウナギの仔魚

力の影響は特に認められない」という結果に終わった。一般に、体内に気体を持っていない海洋生物にとって、温度や光や塩分は生理的に重大な意義を持つが、この程度の圧力なら特別な影響を受けない例が多いようである。

たくさん餌を食べる条件

一般に仔魚が摂餌に用いる主要な感覚は視覚であり、眼が完全に黒化するのとほぼ同時に最初の摂餌が始まる。そこで、22～23℃で飼育したウナギ仔魚の眼の発達を組織学的に詳しく調べてみた。

孵化後1日目の仔魚の眼はレンズと未熟な網膜からなっており、3日目には網膜の神経細胞層と内顆粒層が分化し、4日目には視細胞が分化し始めた。6日目には色素上皮層の一部に黒色素が出現し始め、7日目にはほぼ全面に黒色素が発達してくる。13日目には、眼球は扁平化し、周辺部の視細胞は背が高くなって網膜の部位による分化が始まっていた（4・10）。視細胞の背が高いことは網膜の感度が高いことを示しており、この時期のウナギ仔魚は暗くてもよく

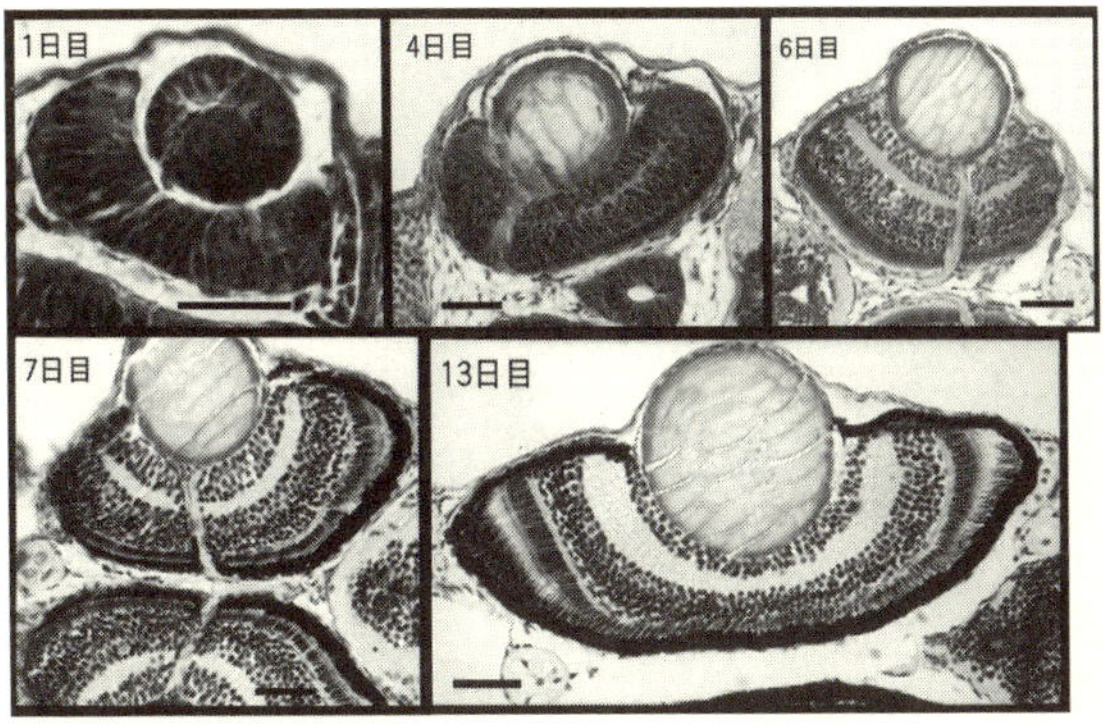

4.10　ウナギ仔魚の眼の発達過程（バーは30μm）

見えているということを表している。

次に、仔魚の発生にともなう光に対する行動の変化を明らかにするため、水平に設置した内径25㎜、長さ700㎜の濾過海水を満たしたガラスの管に仔魚を20尾収容し、照度5lx（人の目によって知覚される、光の明るさを表す単位）の部屋で30分間馴らした後、管の一端に2000lxの照明を当てて2000〜1lxの照度勾配をつけ、30分後に管を5等分した各区間の仔魚の分布を調べた。この実験は、22〜23℃で飼育した仔魚を使って、孵化後4日目から14日目まで行った。その結果、孵化後4〜7日目までは仔魚はカラム内にほぼ均一に分布していたのに対し、眼が黒くなった翌日の孵化後8日目からは明るいところに少なく暗いところに多く分布する傾向が見られ、この傾向は10日目以降極めて顕著になった。

一般の仔魚は眼が黒化して機能化すると明るい方へ向かう性質が見られるが、ウナギの場合は眼が機能化して間もなく暗いほうへと向かうことがわかった。これは、これまでに飼育され

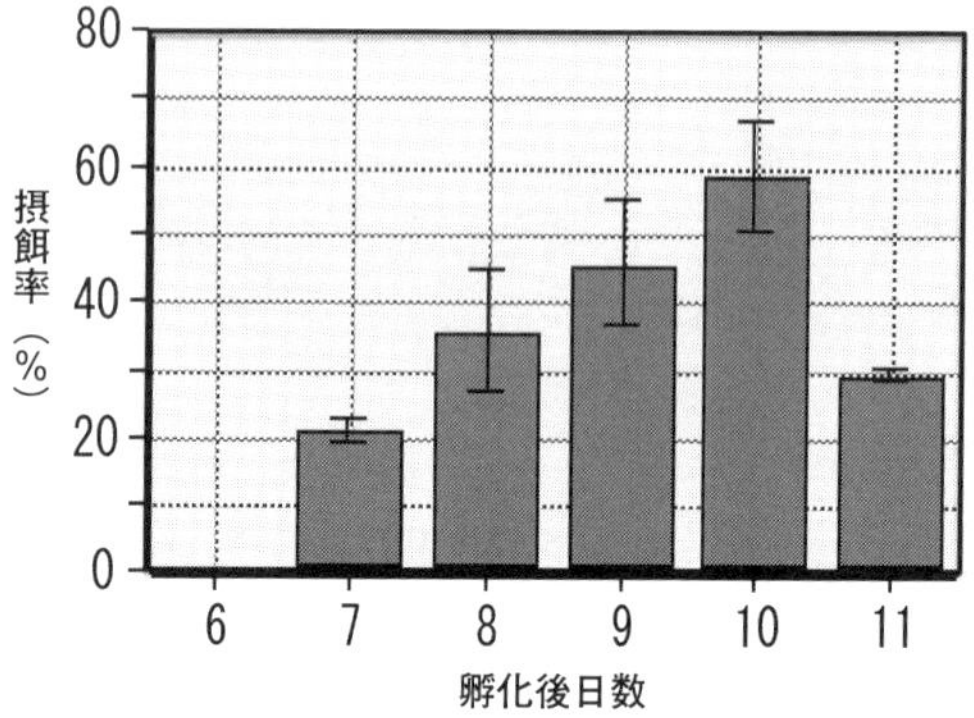

4.11　ウナギ仔魚の摂餌におよぼす日齢の影響（水温 28℃、照度 40lx）

ていた多くの魚種とは正反対の行動であり、飼育水槽で見られたワムシとのすれ違いは、この性質が原因だったのだ。これらのことから、ウナギ仔魚の飼育に当たっては、飼育室の明るさを考慮する必要性が出てきた。

では、実際にどんな条件でワムシを与えたら、一番たくさん食べてくれるのであろうか。水温や光の強さなどの条件を変えて、2ℓのビーカーの中で、孵化後6日目から11日目の仔魚にワムシを20個／mℓという高密度で与え、3時間後に麻酔をかけて取り上げ消化管内に取り込まれているワムシの数を計数し、最もよく摂餌する条件を調べた（4・11〜4・13）。その結果、器官の発達から予想された通り、孵化後7日目から摂餌個体が現れ、10日目までは摂餌率が高まった（4・11）。

しかし、この実験では供試魚は実験に供するまで無給餌としたために、11日目にはすでに衰弱が始まり、摂餌率の低下が見られた。19〜28℃の水温範囲では高水温ほど摂餌率が高く、数多くのワムシを食べている仔魚の割合も高かった（4・12）。ま

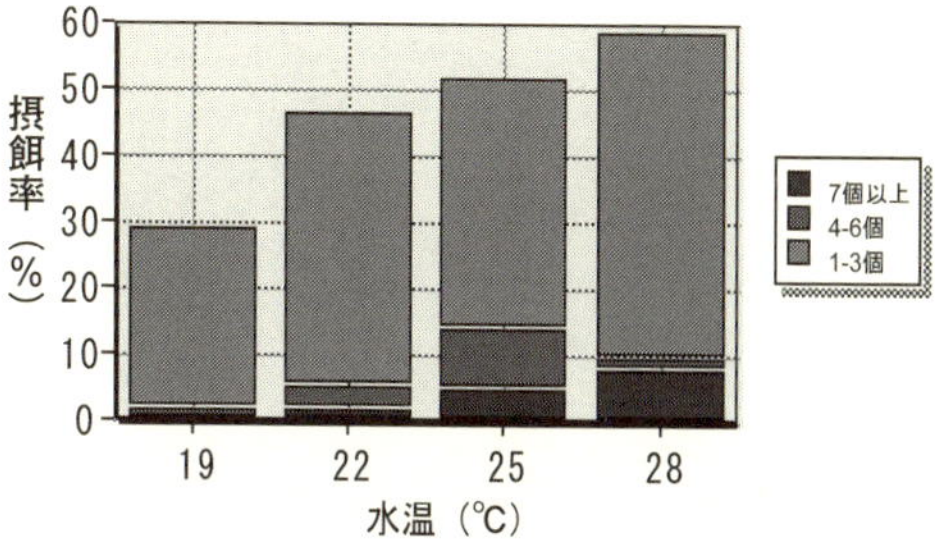

4.12　ウナギ仔魚の摂餌におよぼす水温の影響（孵化後 10 日目、照度 40lx）

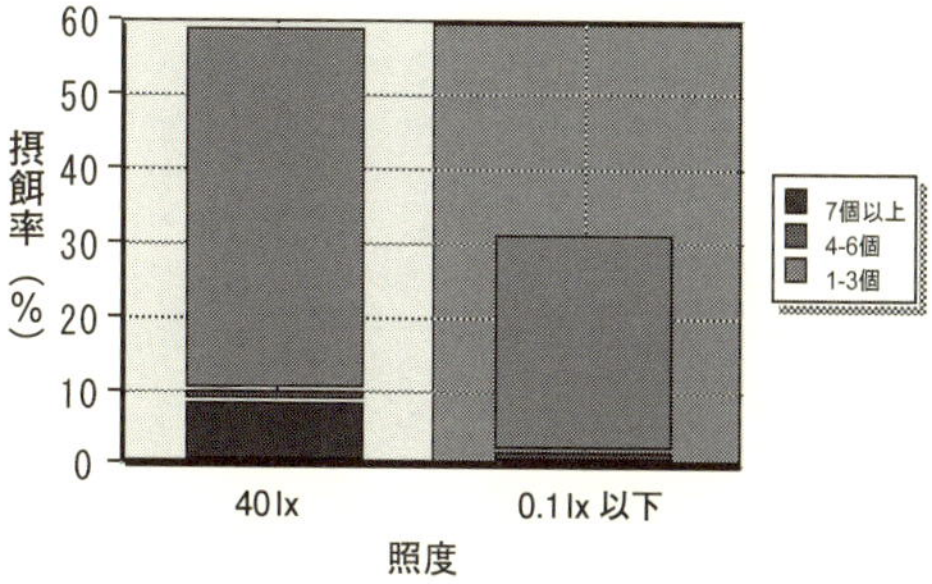

4.13　ウナギ仔魚の摂餌におよぼす照度の影響（孵化後 10 日目、水温 28℃）

た、照度については薄明るい条件下（40 lx）で摂餌率、量ともに高かったが、ほぼ暗黒下（0・1 lx以下）でも若干の摂餌が見られたことは、視覚に頼らず餌を食べたということであり、他魚種ではほとんど知られていないウナギ仔魚に特異的な結果であった（4・13）。

以上の結果を総合すると、薄明るい条件で、かなりの高水温の時に最も活発な摂餌が見られ、最高約60％の仔魚がワムシを食べていたが、ワムシを食べていた仔魚の大多数は1～3個のワムシしか消化管内に取り込んでおらず、他の海産魚の飼育例と比較すると、極端に摂餌量が少なかった。

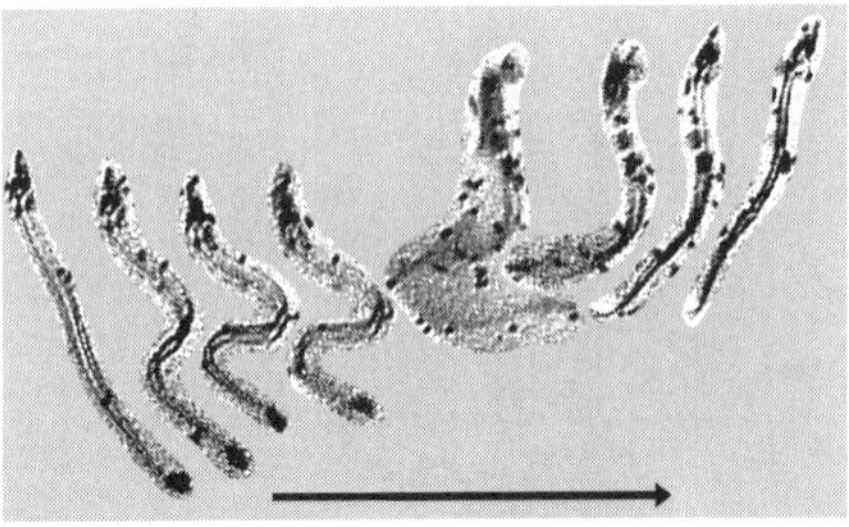

4.14　ウナギ仔魚がS字状に身体をくねらせ餌に飛びつくように見える行動（孵化後9日目の仔魚の行動をビデオ撮影し、左から順にコマ送りの画像を並べたもの）

なぜ少ししか食べないのか

明るいところでワムシを与えると、ウナギ仔魚は、ヒラメやアユの仔魚の摂餌行動と同様な、身体をS字状に身構えて急に前方に突進する行動（4・14）を示すが、この行動によってワムシを捕らえる瞬間は、まだ確認されていない。ウナギの仔魚の頭部を背中側から見てみると、眼は顔の側面に平行してついており、視線はほぼ真横を向いている（4・15）。

読者の皆さんは肉食獣と草食獣の眼の違いをご存じだろうか。ライオンの眼は顔の正面に並んでついており、両目で獲物までの距離を正確に把握して飛びかかることができる。一方、シマウマの眼は顔の両側についており、ほとんど360度の広い視野を持っていて、ライオンの襲撃にいち早く気づいて逃げる。シマウマは動かない草を食べるので、両目で距離を測って飛びかかる必要はない。この理論で判断すれば、ウナギの仔魚は「草食系」ということになる。魚眼レンズで視野が広いといっても、両目で見ることができる

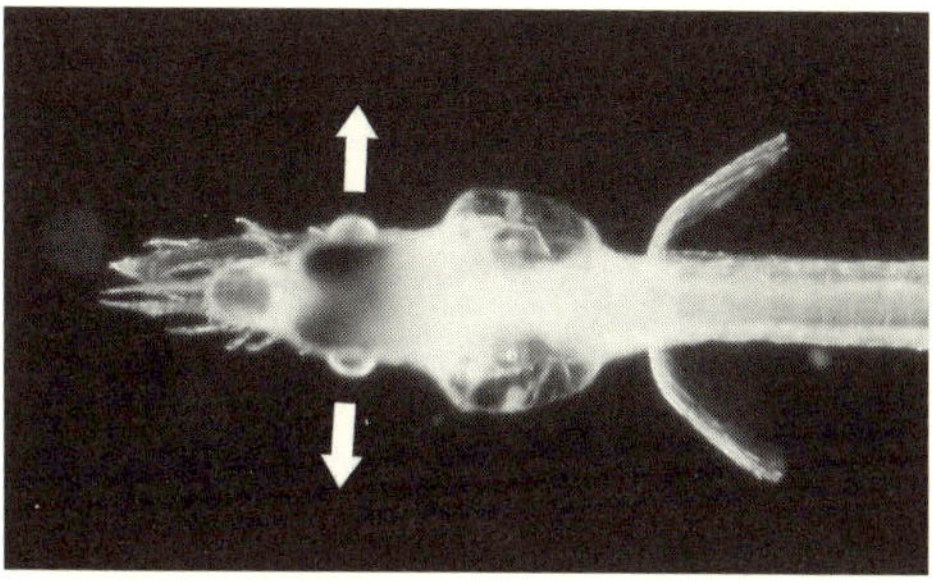

4.15　ウナギ仔魚（孵化後11日目）の頭部を背面から見たところ。視線（矢印）はほぼ真横を向いている

範囲はほとんどなく、ワムシまでの距離が測れないために、飛びかかっても空振りばかりするのだろう。

もう一つ気になったのは、両顎に生えている針のような長い歯だ（4・15）。ワムシを食べる他の魚種の仔魚には、こんな歯は生えていない。餌に飛びついて丸のみするには、こんな歯は役に立たない。というより、むしろ邪魔になるだけである。

その後、ワムシを餌として飼育実験を数十例行ったが、摂餌は常に確認でき、栄養代謝部の黒川忠英らの研究で、ワムシのタンパク質がウナギ仔魚の腸に取り込まれていることも確認されたが、卵黄吸収完了後の仔魚の成長は見られず、生存期間も最長18日が限界で、給餌の効果は現れなかった。これは、ワムシを餌とした従来の飼育法では、ウナギの仔魚は成長に必要な量の栄養を持続的にとることができないためだと考えられた。では、いったい何を、どんな風に食べさせればいいのだろうか。

3　いったい何を食べるの？

新しい餌の探索

こうなったら、可能性のあるものをしらみつぶしに試してみるしかない。仔魚の餌に必要な条件を考えると、①仔魚の口に入る大きさ、形であり、②成長に必要なタンパク質、脂肪、ビタミン、ミネラルなどの栄養素を含み、③その栄養素が仔魚に消化吸収されやすく、④仔魚が好んで食べる嗜好性を備えていることなどが挙げられる。

そこで、これらの条件をある程度満たしそうな餌の候補として、4・16に示したようなものを選び、小さなシャーレやビーカーの中で仔魚に与えて、食べるかどうか試してみた。

生物飼料としては、これまでの経験から動く餌は苦手のようだったので、ワムシをプランクトンネットで濾し取り、いったん冷凍して解凍したものをメニューに加えた。また、いろいろなものが混じっていれば、その中に好みのものもあるかもしれないという期待を込めて、研究所の桟橋周辺の海でプランクトンネットを曳いて集めた種々雑多な動物プランクトンや植物プランクトン、その中で特に、沿岸に

生物餌料	ワムシ、冷凍ワムシ、プランクトンネットで集めた天然プランクトン、オタマボヤ
市販飼餌料	海産魚用初期餌料、甲殻類用初期餌料、シラス餌付け用ペースト状飼料
栄養強化飼料	サメ卵粉末、濃縮ナンノクロロプシス、DHA 強化ユーグレナ
その他	イカ、エビ、クラゲ、エイのヒレ、ゼラチン、ゆでた鶏卵の卵黄、イガイの生殖巣、ウナギ卵、マダイ卵、のれそれ（マアナゴのレプトセファルス）などを凍結乾燥して粉砕したもの

4.16　ウナギ仔魚に試した餌

住むハモなどのレプトセファルスが食べているという報告があるオタマボヤ（オタマジャクシのような形をした動物プランクトン）のハウス（餌を濾し取るためにオタマボヤが分泌するゼラチン状の網）も加えた。

市販の飼餌料としては、海産魚用の微粒子飼料のほかに、さらに粒子の細かいエビやカニなど甲殻類用の初期飼料。また、シラスウナギの餌付けに使われる、魚肉やイカなどを主原料としたペースト状の餌。ワムシなどの栄養を強化するために市販されているサメ卵粉末（商品名、アクアラン）、植物性プランクトンのナンノクロロプシスや葉緑体を持つ原生動物ユーグレナ（ミドリムシ）は、仔魚の成長に必要な栄養が豊富なことから期待された。

そのほか、イカやエビなど餌になりそうなもの、レプトセファルスから連想される透明なゼラチン質のもの、完全栄養の卵類など、いずれも凍結乾燥して粉砕機にかけ、ふるいを通して仔魚の口に入る大きさの微粒子にした。この中で、イガイの生殖巣はイセエビの幼生飼育に唯一効果的な餌として知られており、ウナギの幼生にも効果があるのではないかと期待が大きかった。また、珍味として知られる「のれそれ」は沿岸

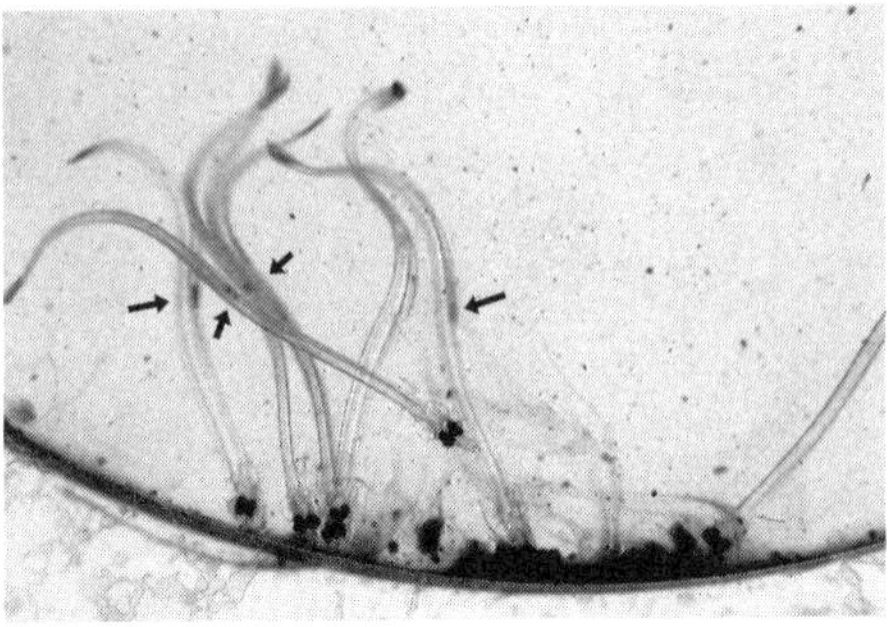

4.17　サメ卵を食べるウナギ仔魚（日齢15）。矢印は仔魚の腸内にサメ卵粉末が取り込まれているところ

で漁獲されるマアナゴのレプトセファルスであり、これを食べればウナギの仔魚も立派なレプトセファルスに育つのではないかと想像した。

給餌試験の結果、冷凍ワムシは生きたワムシよりよく食べたが、それでも充分な量を食べることはなかった。沿岸の天然プランクトンの中にはお気に入りの餌は見つからず、オタマボヤのハウスや、イガイの生殖巣や、のれそれも期待を裏切った。ところが、ただ一つ、ワムシ・アルテミア用栄養強化飼料として市販されていたサメ卵粉末だけは際だって嗜好性が高かった。このサメ卵粉末を約2〜2・5倍量の海水と混ぜ合わせて濃厚な懸濁液とし、容器の底に注入すると、仔魚は餌に頭を突っ込み、短時間のうちに消化管内に取り込んでいく様子が透明な身体を通して観察された（4・17）。栄養分に関しても、タンパク質と脂肪をおよそ50％ずつ含み、海産仔稚魚の必須脂肪酸とされるDHAの含量が高く、ビタミンもある程度含んでいるので、ウナギ孵化仔魚の餌として非常に有望であった。

ブレークスルー

確かにサメ卵はよく食べる。それでは、サメ卵を餌として無給餌より生存期間が延びるのか。少しでも成長するのか。この点が重要なので、ただちに確かめてみることにした。

シャーレに深さ1cmぐらい海水を入れ、餌を食べ始める、孵化後7日目以降のウナギの仔魚を10尾ほど収容する。サメ卵粉末に2倍量ぐらいの海水を加えて柔らかいペースト状にし、先の細いチップをつけたピペット（一定量の液体を量ることができる機械式のスポイト）で、シャーレ一つにつき0・05㎖程度注入してやる。チップの先から押し出されたサメ卵のペーストは最初、ソーメンのような形でシャーレの底に沈み、次第に分散していく。シャーレの底に頭をつけるようにしてぐるぐる泳ぎ回っている仔魚は、サメ卵のペーストにぶつかると、そこで止まってしっぽを振りながら口をもぐもぐと動かす。よく見ると、喉から食道へ、そして腸へと、白いサメ卵ペーストが流れるように吸い込まれていく。

しかし、数分も経つとサメ卵は分散して、シャーレの中の海水は米のとぎ汁のように濁り、透明な仔魚の身体は見えなくなって、黒い眼だけがたまにちらりと見えるのみとなってしまう。さらに、3時間も放置すると生臭いいやな臭いが立ちこめ、水が腐って仔魚は死んでしまう。

そこで、きれいな海水を入れた別のシャーレを用意して、水が腐る前に仔魚を移動させることにした。濁り水の中に見え隠れする黒い眼を頼りに、ガラスのスポイトで仔魚を吸い取るのだが、あまり勢いよく吸うと仔魚を傷つけてしまうし、手加減すると逃げられてしまう。多数の仔魚を移すには非常に時間がかかるし、微妙な調整をしながらスポイトを操作するのは心身ともに疲れる。結局、給餌後1〜2時間放置した後、新しいシャーレに仔魚を移し、その1時間後に次の給餌をするという操作を毎日2〜3回くり返し、最後にきれいなシャーレに移して帰るというスケジュールに落ち着いた。

慣れないうちはどうしてもスポイトで仔魚を傷つけ、1回移動させるたびに1〜2割の仔魚を死なせてしまった。みるみるうちに数が減り、結局数日で全滅させてしまい、成長は確認できなかった。3回目の挑戦では、シャーレをたくさん用意し、百数十尾からスタートした。次第にスポイト操作も上達して、移動させてもそれほど死ななくなってきた。給餌開始から1週間、孵化後15日目に生き残っていた仔魚を数尾取り上げて実体顕微鏡下で大きさを測ってみると、全長7・5〜8㎜に達していた。

間違いなく成長している！　給餌によるウナギ仔魚の成長が、世界で初めて確認できた瞬間であった。ワムシ給餌による本格的な仔魚飼育に取り組み始めてから2年半が経過していた。

その後、最長27日目まで生存が確認でき、生存期間でも新記録を打ち立てた。しかし、20日目以降は仔魚の長い歯にサメ卵の粒が付着して汚れ、次第に口がふさがって餌を食べられなくなるものが増えていき、ほとんど成長は見られなかった。また、この方法ではたくさんの仔魚を長期間飼育することは現実的ではないので、この餌を用いてウナギ仔魚を長期飼育するための飼育装置と飼育管理手法について工夫することになった。

サメ卵飼料を用いたウナギ仔魚の長期飼育法

海産魚の仔魚飼育では、少しずつ注水することによって水を入れ替え、残餌や死骸の堆積によって水槽の底が汚れた場合には、サイフォンによる底掃除を行い、水槽内を清潔に保つのが一般的である。ところが、ウナギの仔魚は目が見えるようになった後は光を避けて、水槽の底に密集する性質があるため、底掃除が事実上不可能となる。一方、サメ卵を材料とした懸濁液状の飼料は沈降性が強く水槽の底でしか給餌できない。そこで、仔魚の負の走光性（光を避ける行動）と餌の沈降性を利用した効率的な給餌法を考案し、そのための飼育装置および飼育管理手法を開発した（4・18）。

飼育に用いた水槽は、当時、日本栽培漁業協会南伊豆事業場でイセエビの幼生の飼育のために開発されたもので、底を平らにしたアクリル樹脂製の半球状のボウルを、直径30㎝の円筒に組み込んだ構造になっている。容量は約5ℓで、底面の中央から少し偏ったところに排水管がついており、反対側の水槽壁近くから毎分0・3ℓの22～23℃に調整した濾過海水を注水すると、水槽内の水がほどよく循環する。

排水管の吸い込み口には、食べ残した餌は通過するが仔魚は流失しないよう、目合い0・2㎜のナイロンの網を被せ、水位は排水管の立ち上がりの高さによって調節する。摂餌可能な発育段階（孵化後7

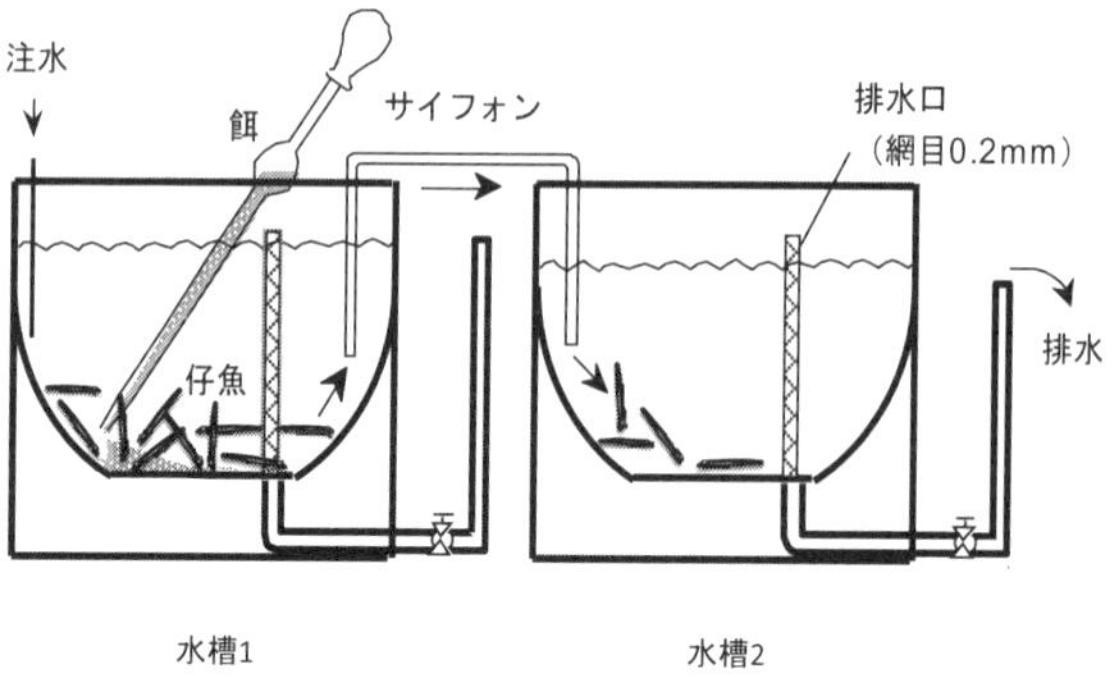

4.18 「特許」サメ卵飼料を用いたウナギ仔魚の飼育法。水槽１の底で給餌を行い、食べ残した餌は注水によって洗い流す。３時間おきに１日４回給餌し、最後の給餌後サイフォンで水槽２へ仔魚を移動させ、翌日は水槽２で給餌する。この飼育法は後に特許が認められた

日目前後）に達した仔魚を、１水槽当たり５００～１０００尾収容して、給餌飼育を始める。

注水を停止し、飼育室の照度を40～１００lx程度に調整すると、仔魚は水槽の底に集まるので、そこに細長いガラスのスポイトを用いてサメ卵粉末の懸濁液を注入することにより、効率的な給餌が可能となる。約2時間放置後に注水を再開し、底に沈殿している食べ残した餌に水流を吹きつけるようにして洗い流し、約1時間注水をつづけると、飼育水はほぼ清澄な状態に戻る。この間、飼育室の照度をおよそ5lx以下に下げてやると、仔魚の活動が緩やかになるので、消耗を抑えることができると考えられた。そして再び注水を止め、照度を上げて給餌を行う。このような操作をくり返しても、次第に水槽の底や壁面が汚れてくるので、1日に4回給餌を行い、最後の洗い流しが完了した時点で、各飼育水槽の隣に新たに清潔な水槽を用意し、内径9㎜の塩化ビニール管で両水槽を接続する。

給餌を行っていた水槽の水位を少し高め、照度を5lx以下に下げると、残餌や糞、死骸は旧水槽にとどまり、遊泳力のある元気な仔魚だけが、サイフォンを通って翌朝までに新しい水槽に移る（4・18）。この操作によって、毎日、清潔な水槽で給餌飼育を継続することができる。

この飼育法は後に特許を取得しているが、出願したのが1998年なので、サメ卵を食べることを発見してからこの飼育法を確立するまでに、2年近くかかったことになる。

仔魚の成長と形態の変化

この飼育法により、孵化後9日目に各水槽に約500尾を収容して給餌を開始した飼育例では、13日目に無給餌の対照区が全滅したのに対して、給餌区は79％が生存し、それまでの最長生存記録の18日目でも56％が生き残っていた。無給餌区は平均全長7㎜に達しなかったが、給餌区では11日目に7・1㎜、18日目に8・1㎜、24日目に8・7㎜まで成長し、最高27日目まで生存した（4・19、7日目から給餌した飼育例）。

これまで、人工孵化によって得られた仔魚（餌を食べ始める前の仔魚はプレレプトセファルスと呼ばれる）と天然海域で採集された仔魚（すでに餌を食べ始めているレプトセファルス）の間には、大きな形態的差異があることが知られていた。全長に対する体高の比率は、天然の全長約10㎜の仔魚では17〜23％と非常に高いのに対して、人工孵化仔魚では、孵化後10日目には9％前後に過ぎない。

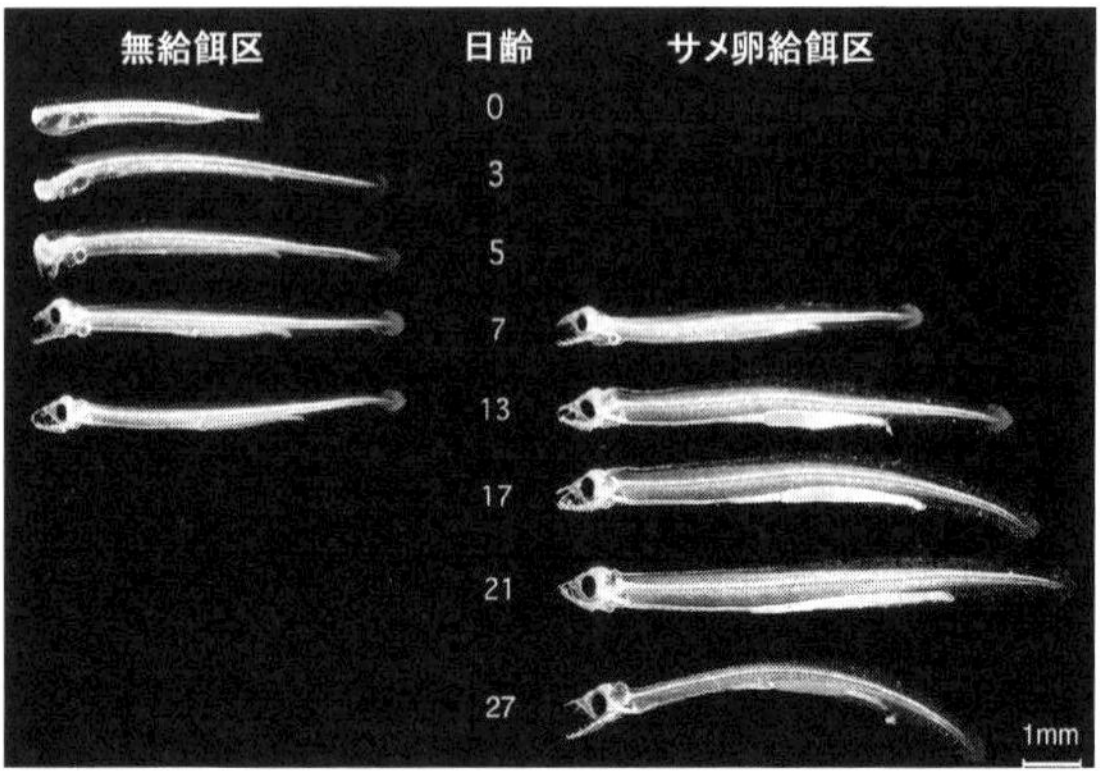

4.19　サメ卵飼料給餌によるウナギ仔魚の成長。無給餌では孵化後約2週間、全長7mm程度までしか育たないが、サメ卵の給餌によって1カ月近く生き延び、大きいものは全長10mm程度に達することがわかった。しかし、また同時にサメ卵だけでは限界があることも示された

しかし、今回の給餌飼育により、天然魚には遠くおよばないものの、成長とともに次第に体高が高くなる傾向が見られた。これまで、人工孵化によって得られたプレレプトセファルスが天然のレプトセファルスと形態的に大きく異なることから、人工孵化仔魚が正常なものではない可能性が指摘されていたが、初期の給餌飼育の成功によって、人工孵化仔魚も適切な餌料と環境条件さえ整えば、正常なレプトセファルスに成長する可能性があることが示された。

新たな壁

この時開発された飼育法により、人工孵化したウナギの仔魚が自ら食べた餌を消化吸収し、生存期間を延ばすとともに成長し、形態的にも天然のレプトセファルスに一歩近づいたということは、20年以上にわたるウナギ仔魚の飼育研究の歴史の中で画期的なことであ

った。しかし、この飼育法でも、孵化後20日を過ぎたころから成長が鈍り、生残率も急激に低下して、孵化後約1カ月間、全長10㎜程度まで成長させるのが限界となっていた。全滅寸前の仔魚（4・19、27日）を見ると、明らかにやせ細って変形しており、見るからに「栄養失調」と思われた。有り余るほど餌を与えているのに、いったい何が不足というのだろうか。サメ卵粉末という餌を発見した喜びもつかの間、ウナギ仔魚飼育はまた新たな壁にぶつかってしまった。

4　足りない栄養は何？

タンパク質不足なのか

栄養失調になるのは何かが不足しているためなのか、それともバランスが悪いのか。サメ卵粉末の成分表を見ると、タンパク質と脂肪がほぼ半々で、いかにも脂っこいように思えた。一般に、魚類は非常にタンパク質の多い餌を食べている。もっとタンパク質を添加した方がよいに違いない。

最初に思いついた消化吸収がよさそうな、タンパク質たっぷりの素材はスキムミルク（脱脂粉乳）であった。私たちが小学校の低学年のころ、学校給食では脱脂粉乳をお湯で溶かしたものを飲まされていた。タンパク質とカルシウムがたっぷりで、育ち盛りの子供にはすごくよいのだとくり返し聞かされ、すっかり洗脳されていた。そこで、サメ卵の餌にスキムミルクを添加してみることにした。ついでにビタミンとオキアミ抽出液も加えることにした。オキアミはエビに似た甲殻類で、海釣りの餌によく使われる。オキアミの匂いがすればたくさん食べてくれるのではないかと期待した。

スキムミルク添加飼料は給餌開始直後から摂餌が確認されたが、孵化後10～15日の間に摂餌不良個体

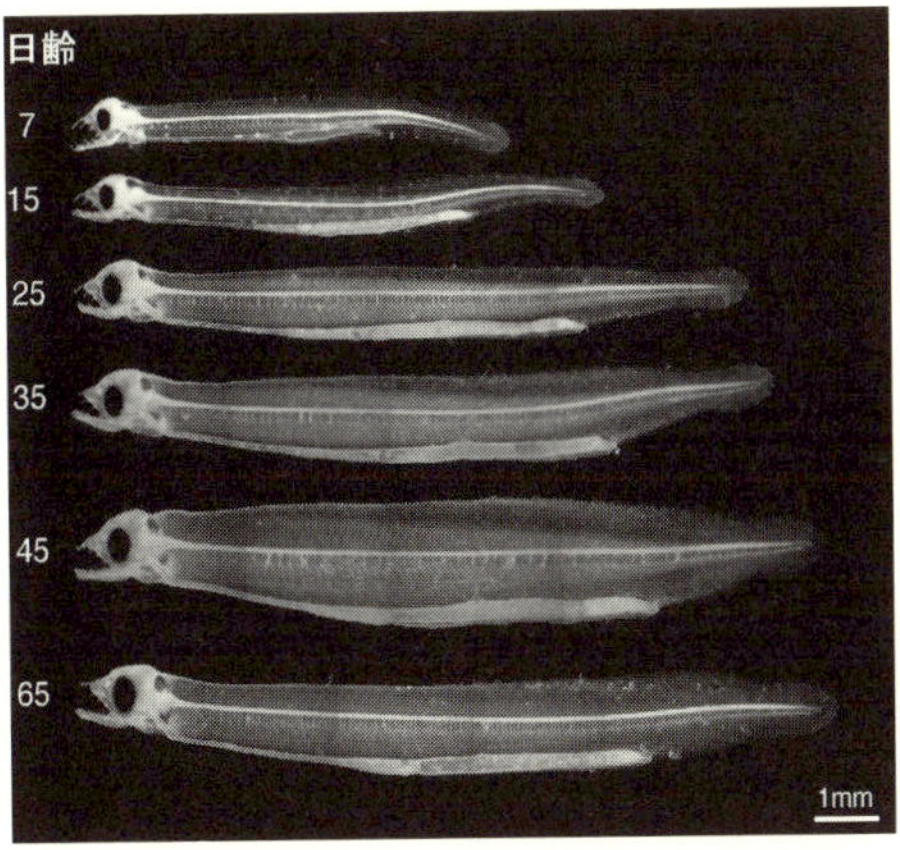

4.20　スキムミルク飼料給餌による成長。全長11.8mmまで成長し、最高65日生存したが、そのあたりが限界であった

が多数死亡し、20日目以降も成長不良個体が死んでいった。しかし、これまでサメ卵のみの餌では限界であった30日目で約40尾、さらに65日目まで2尾が生存していた。

全長は30日目に平均10㎜を越え、45日目には11・8㎜に達した。体高は、日齢25～30、全長10㎜前後に急激に高まり、最も体高の高い個体では全長の15％に達し、かなりレプトセファルスらしくなった（4・20）。

最高65日目まで生存したが、何度くり返してもそのあたりが限界であった。その後よくよく調べてみると、スキムミルクの成分は炭水化物（主に乳糖）が最も多く、タンパク質は約3分の1に過ぎなかった。しかし、レプトセファルスの平たい身体の中には、お肌の潤い成分として最近女性に人気のヒアルロン酸が詰まっており、ヒアルロン酸も炭水化物の仲間なので、炭水化物の多いスキムミルクを加えたことがレプトセファルスらしい姿になるのに少しは役立っていたのかもしれない。

ペプチドとの出会い

ちょうどそのころ、東京水産大学（現・東京海洋大学）の竹内俊郎のグループでは、マダイやヒラメの仔魚用配合飼料開発の研究が実施されており、ペプチドを添加した飼料が有効であることが学会で報告された。仔魚期は胃がなく消化能力が低いため、タンパク質を酵素分解してそのまま吸収できるような低分子にしたペプチドが有効であるらしい。サメ卵の餌にも是非ペプチドを添加してみたいと思ったが、ペプチドそのものは一般に市販されていなかったので入手方法が見つからず、しばらくの間ペプチドにあこがれる日々がつづいた。

しかし、運というのは実に不思議なものである。サメ卵を餌にしてウナギの仔魚が世界で初めて成長したというニュースが報道されると、大豆ペプチドの研究開発をしている不二製油株式会社の中森俊宏から、「うちのペプチドをウナギの餌に試してみませんか」という、願ってもない提案が転がり込んできた。もちろん大喜びで飛びついて、すぐに大豆ペプチドのサンプルを送ってもらった。

提供してもらったのは、ハイニュートーRという製品で、タンパク含量が約90％もあり、アミノ酸数個がつながった低分子で非常に吸収しやすいペプチドが主成分であった。当時の主な用途は、手術で胃を切除した患者のための経腸栄養（腸から直接吸収できる栄養）として利用されているものであった。これは、胃のないウナギの仔魚にぴったりではないか。早速サメ卵に大豆ペプチドを添加した飼料をつくって給餌試験をしてみると、それまでと比べものにならないほど成長も、生き残りもよかった。

大きな手応えを得て、いろいろと試行錯誤をくり返した結果、給餌開始から10日間はサメ卵と大豆ペプチドだけの餌、その後はビタミン、ミネラル、オキアミ抽出液を加えた餌に切り替える方法にたどり着いた。50日目の生残率は3〜5％、100日目で0・5〜2％と高く、全長は25日で約10㎜、50日で16㎜、100日で20㎜以上に達した。最長253日間生存し、大きなものは全長30㎜を超え、歯の数が増すとともに鰭《ひれ》も発達し、柳の葉のようなレプトセファルス幼生にまで育った（4・21）。

飼育条件の再検討

適正飼育条件は以前にも検討していたが、それは仔魚がほとんど育たなかった時代のもので、あまり意味がなかった。ある程度長期飼育が可能になったことから、本当の意味での適正飼育条件を調べることが可能となったので、飼育密度、飼育水温、照度、給餌時間、給餌回数などを再検討してみた。

飼育密度に関しては、5ℓ水槽に200〜800尾という天然海域ではあり得ない高密度でも、初期の飼育では特に問題にならないことが明らかになった。

水温に関しては、20℃以下では仔魚の動きが鈍くなり、成長・生残ともに悪くなる傾向が見られたが、20〜24・5℃の範囲であれば、それほど問題ないことがわかった。ただしこの範囲内で、低温ほど全長に対する体高の比が大きくなり、高温ほど全長は大きくなるものの、全長に対する体高の比が小さ

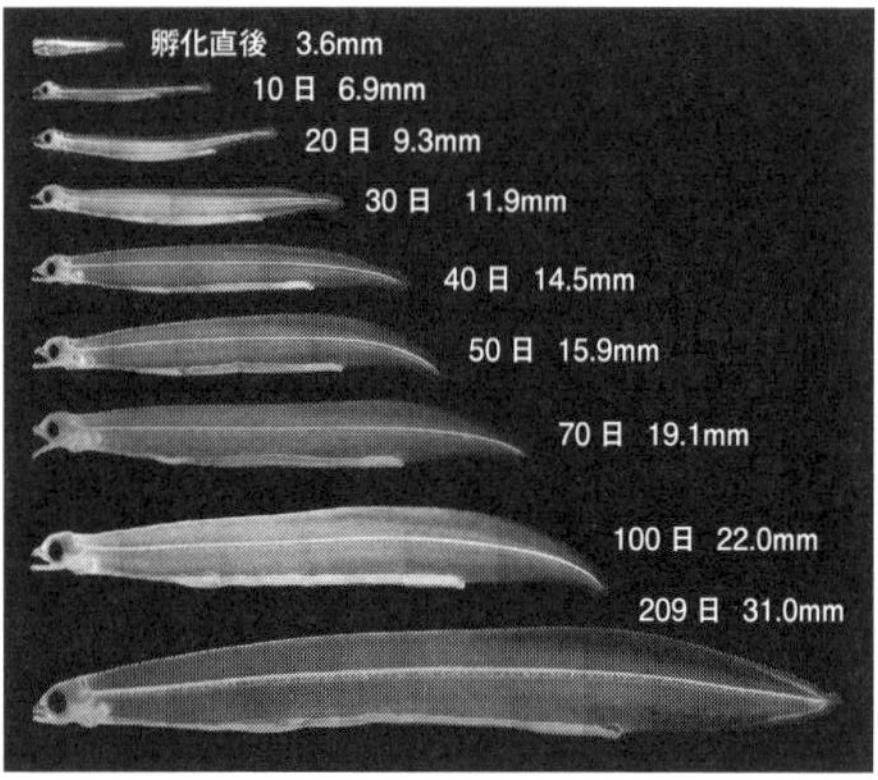

4.21　ペプチド添加飼料による成長。従来にない長期飼育が可能となり、全長30mmに達し、柳の葉のような姿のレプトセファルスになった

くなる傾向が見られ、高水温では成長がよいものの、消耗も大きいことがうかがわれた。最近の研究では、もっと高水温でも良好な飼育成績を示している。

ウナギの仔魚は光を避ける行動をとることから、あまり照度の高い条件下で飼育をつづけることは、仔魚にとってストレスとなると考えて数十lx程度の明るさで給餌していたが、200～500lxの照度のもとで給餌を行った方が成長・生残が優れることが示され、従来の飼育条件よりはるかに高い照度が必要なことが明らかになった。最近では1000lxでも問題ないことがわかっている。

給餌については、これまで止水状態で1時間給餌し、1時間洗い流すというサイクルで行っていたが、仔魚は15分程度で飽食に達し、それ以上長期間給餌していても水質悪化により、かえって成長・生残が悪くなることが示された。また、同じ給餌回数であれば、給餌間隔を広げて1日の最初の給餌から最後の給餌までの時間が長い方が成績がよいことがわかったので、給餌時間は15分とし、2時間間隔で1日5回給餌するようにした。

餌の再検討

飼育条件の改善によって仔魚の飼育はある程度安定してきたが、250日、30㎜という記録は大きな壁となって何度挑戦しても越えられなかった。全長30㎜というのはシラスウナギまでの中間点あたりであり、天然では50日程度で到達するとされている。この当時の飼育法では、天然に比べようもないほど成長が遅く、レプトセファルスはひ弱で張りがなかった（4・21）。

大豆ペプチドの添加によって餌の改良は大きく前進したのであるが、大豆ペプチドは大豆タンパクが原料なので含硫アミノ酸（硫黄を含むアミノ酸、メチオニンやシスチン）が不足している恐れがあった。そこで餌にメチオニンやシスチンを添加してみたが、改善は見られなかった。また、動物性タンパク質由来のペプチドの方がよいのではないかと考えて、ミルク由来のカゼインカルシウムペプチドや卵黄由来のヨークペプチドなども試してみたが、大豆ペプチド以上の飼育成績は得られなかった。

不足している栄養はいったい何なんだろう。ずっと思い悩んでいたところに不二製油の中森から耳寄りな情報が寄せられた。大豆タンパクにはフィチン酸というリン化合物が含まれていて、仔魚がミネラルやタンパク、ペプチドを吸収するのを阻害している恐れがあるというのである。また、酵素処理によってフィチン酸を分解した大豆ペプチドのサンプルをつくることができたので、よかったら使ってみませんかというありがたい申し出もいただいた。早速送ってもらって従来の大豆ペプチドと比較したところ、仔魚の成長も生残も明らかに改善された。

植物性＝ヘルシーという思い込みがあって、大豆ペプチドに阻害物質が含まれているなんて思いもしていなかった。ずっと、足りない栄養素ばかり考えていたのが大きな落とし穴で、実は不要なものが含まれていることが問題であったのだ。なお、フィチン酸を含む大豆や穀類を一般の人が食べても特に問題が起きることはないのでご心配なく。

究極の餌の誕生

このころ、日本水産株式会社（ニッスイ）からも興味深い情報がもたらされた。オキアミを自己消化（オキアミ自身が持つ酵素により分解すること）させ、粉末化したものを養魚用飼料に添加すると、そろって成長がよくなるというのである。早速これも試してみることにした。一方、長年ウナギ仔魚の餌の主成分として使っていたサメ卵粉末が製造中止になって入手できなくなった。ペプチドなどが有効であるといっても、サメ卵粉末を主成分としたポタージュスープ状の餌に加えてこそ、利用できるのである。サメ卵粉末が手に入らないのは致命的だ。頭を抱えていると、ニッスイの塩谷格《いたる》が、水産会社のネットワークを活かして冷凍サメ卵の入手ルートを見つけてくれた。当初は冷凍サメ卵を凍結乾燥して粉末にしようと苦心したが、脂が多いためにうまく乾燥できず、カスタードクリーム状の生サメ卵をそ

4.22　究極の餌の材料。後に「ウナギ仔魚用飼料」として特許を取得した究極の餌の材料。現在では、ミネラルは添加していないが、それ以外の成分は10年間基本的に変化していない

のまま餌の材料として使ってみたところ、かえってそちらの方が好成績であった。

こうして、究極の餌の材料が出そろった（4・22）。これらを混ぜ合わせて、なめらかなポタージュスープ状にした餌により長期飼育試験を試みたところ、ウナギの仔魚はこれまでにない順調な成長を示し、日齢150で平均全長30㎜を超え、天然に劣らないしっかりとしたレプトセファルスに育ち、400日間以上の飼育が可能となった。順調に成長したものは日齢250前後で全長50～60㎜に達し、いつシラスウナギに変態してもおかしくない成長段階に達した。

この時にたどり着いた餌のレシピは、その後配分量の微調整やミネラルの添加をやめたことなどさまざまな改良を加えてはいるが、基本的に10年後の現在も大きな変更はない。2010年には水産総合研究センターと共同研究者の日本水産および不二製油の共同で、「ウナギ仔魚用飼料」として特許を取得している。特許公報には各成分の添加量などの例が示されているが、実はそれら

を混ぜ合わせるだけで同じ餌をつくり出せるわけではない。つくり方に重要なノウハウが隠されているのである。そこが一番苦労した部分であり、その苦労話を披露したいところであるが、残念ながらそれをここで明らかにするわけにはいかない。シラスウナギの人工生産につながる技術は、今や国家機密レベルのトップシークレットなのである。特許の効力がおよばないどこかの国で勝手にまねされないために、読者の皆様には申し訳ないがご勘弁を願いたい。

5　劇的な変身～シラスウナギの誕生

2002年春、研究室に一人の新人が配属された。北海道大学大学院出身の野村和晴である。彼は、院生時代に養殖研究所でウナギの遺伝地図作成に関する研究をしていたので、こちらの作業はすでによく理解していてくれた。ウナギの催熟・採卵作業や孵化率を調べる面倒な作業から、夕方や休日の仔魚飼育管理まで、即戦力として活躍してくれた。

彼がチームに加わってからわずか1カ月足らずの4月末、まるで彼の着任を祝福するかのように、日齢254、全長約50㎜に達していたレプトセファルスに変化が現れた。妙にしっぽが長くなって動きがおかしくなってきたのである。ブーメランのような形になってくるくる回っている。何とか記録を残そうとして写真に撮ろうと試みたが、透明で動きが速いので、まったく写らない。

そこで、ビデオに撮ってみたら意外とよく写った（4・23、日齢254）。3日後には細い三日月のような形になり、相変わらずくるくる回っている（4・23、日齢257）。その翌日の朝水槽を覗くと、昨日までくるくる回っていたのが見つからない。せっかくシラスウナギになりかけていたのにどこへ行ってしまったのか。ドキドキしながら水槽内をくまなく探すと、水槽の底に透明なドジョウのような魚がいた（4・23：日齢258）。たった一晩で大幅な変身である。昨日まで中層で縦に回転していたのが、今日は水槽の底で横にくねくねしている。その後みるみる身体が細くなるとともに、側線に沿って黒い色素が現れ天然のシラスウナギそっくりの姿に変態した（4・23、日齢261）。

4.23　水槽内での世界初のシラスウナギへの変態の記録。ビデオで撮影してキャプチャーした写真。各写真の数字は孵化後日数。変化に気づいてからわずか1週間でシラスウナギになった。このように、レプトセファルスからシラスウナギへと急激に姿を変えることを、オタマジャクシがカエルになることや、アオムシがチョウになることと同様に「変態」と呼ぶ

数え切れないほどの壁にぶつかり、歓喜（その多くはぬか喜び）を味わい、行き詰まりを乗り越え

て、ついに人類は水槽の中でシラスウナギをつくり出した。自分が、その最初の目撃者になったのだ。この成果をすぐにでも大々的に発表したかったが、なかなかそうはいかなかった。

まずは変態過程をきちんと記録しなければいけない。レプトセファルスは全長50㎜以上あっても仔魚である。仔魚膜を少しでも傷つけたら死んでしまうに違いないと思っていたので、怖くて触れなかった。それでも、動きを止めない限り、鮮明な写真を撮ることはできない。3番目に変態を始めた個体に、思い切って麻酔をかけてみることにした。

親ウナギに麻酔をかけるには、2―フェノキシエタノールという薬品を1000ppmの濃度になるように水に溶かして、その中にしばらくつけてやる。麻酔が濃すぎたり、つけておく時間が長すぎたりすると、麻酔から覚めずに死んでしまう。一般の魚種だとウナギより低濃度の250〜400ppm程度が適正である。レプトセファルスはどれくらいの濃度で麻酔がかかるのか、当然のことながら誰も試したことがない。まずは薄めの250ppmから始め、次第に濃くしていって様子を見たところ、400ppm程度が適当とわかった。

レプトセファルスは意外に丈夫で、麻酔をかけてシャーレに横たえ、写真を撮ってもとの水槽に戻しても、傷ついて死ぬようなことはなく、数日おきに同一個体の写真を撮って変態過程の一部始終を記録することができた（4・24）。

変態にともなう主な身体の変化は、肛門および背鰭前端の位置が前進する、体高が急に低くなる、身

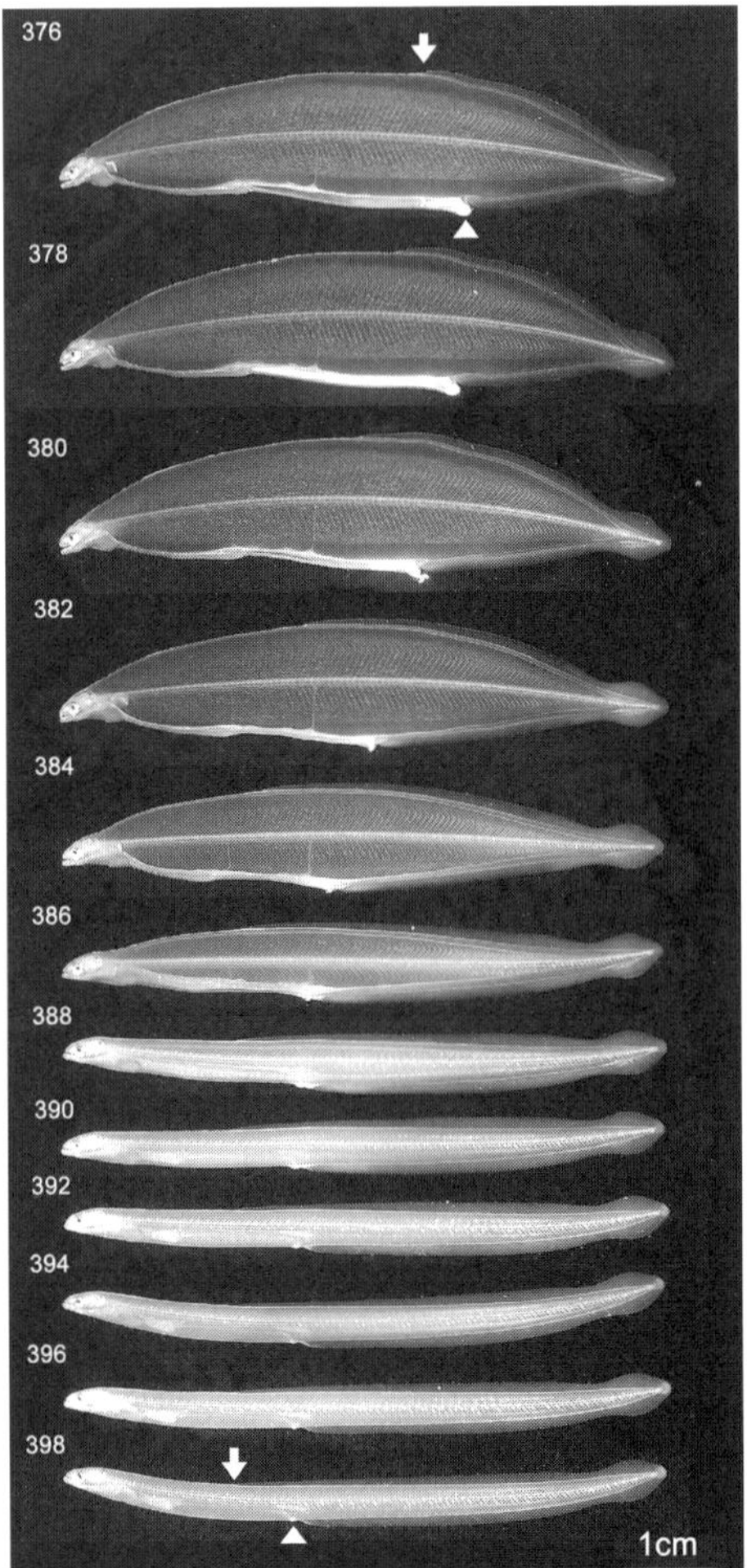

4.24　変態にともなう形態変化。水温21.5℃で飼育中の同一個体に麻酔をかけて、孵化後376～398日まで2日おきに写真を撮った。矢印は背びれの始まりの位置、△は肛門の位置を示す

体の中を満たしているヒアルロン酸組織がなくなり、筋肉が発達する、尾びれ先端に黒い色素が出現する、などであることがわかった（4・24）。また、頭部周辺では、鰓が発達する、血液が赤くなる、針状の歯がなくなり細かい歯に生え替わる、眼が小さくなるなど、いくつもの大きな変化が起こった（4・25）。さらに、外見ではわからないが、シラスウナギに変態するのと同時に胃ができることも、最近の

研究で明らかにされている。変態にともなうこれらの変化は、水温21・5℃では20日前後かかるが、25℃ではわずか10日ほどの間に完了することも示され、変態の進行は温度に大きく依存することが実験的に明らかにされた。

次に学会発表と論文である。ちょうど翌年の5月に、本書の第3章著者でもある香川浩彦が中心となって、三重県で魚類の繁殖生理に関する国際シンポジウムを開催する準備が進められていた。その最後を飾る講演で、この成果を発表しようということになったのだ。また、英語で論文を書いて、あこがれの『ネイチャー』に投稿しようということになった。私は英語が苦手でずいぶん苦しんだが、多くの人

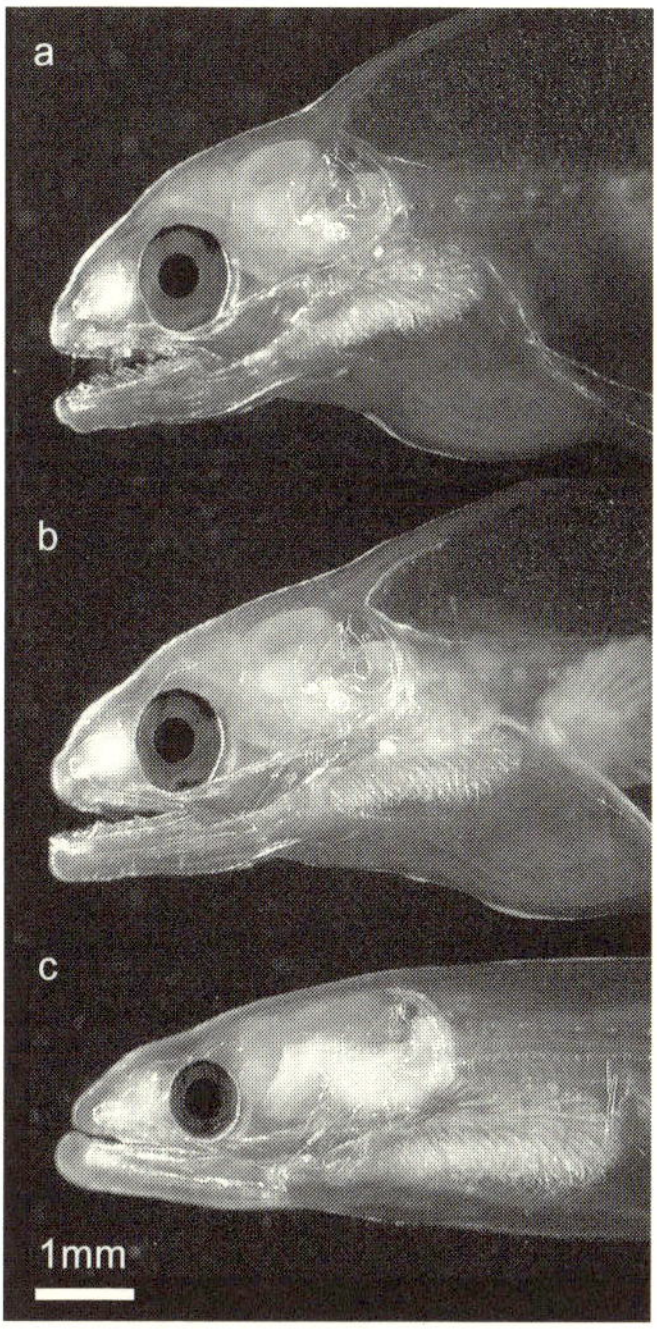

4.25 変態にともなう頭部周辺の変化。
a：孵化後 376 日（変態初期）
b：孵化後 382 日（変態中期）
c：孵化後 392 日（変態完了期）
鰓が発達する、目が小さくなる、針状の歯がなくなるなどの変化が見られる

の助けを借りて、何とか投稿にこぎ着けた。

それと平行して、前節で紹介した餌の特許を共同出願するための準備も進めなければならなかった。シラスウナギまで育てることができたため、例の餌は学会発表や論文、ましてやテレビや新聞に発表する前に、特許の出願をしておかねばならないということになったのである。ところが共同出願のための調整に予想以上に時間がかかり、出願できないうちにシンポジウムでの発表の日を迎えてしまった。そのために、発表後に出願する特例を認めてもらうためにたくさんの書類を準備しなければならなくなり、多くの人に迷惑をかけることになった。また、論文は投稿したもののあっさり門前払いをくらい、受理されることはなかった。論文が掲載されないことが決まると、それを待ち構えていたかのようにプレス発表のスケジュールが決められ、2003年7月9日、ついに「シラスウナギの人工生産に成功〜ウナギの完全養殖実現へ」のニュースはベールを脱ぐことになった。多くのテレビや新聞で取り上げられたことをご記憶の方もおられるであろう。

6 ついに実現！「完全養殖」

シラスウナギの人工生産に成功したといっても、2003年度にシラスウナギまで育ったのはわずか22尾に過ぎず、ウナギ養殖に役立つレベルに達するのは、気が遠くなるほどはるかな目標であった。それでも、シラスができたというニュースは追い風となり、ウナギの人工種苗生産研究に力を入れる気運が高まっていった。

2005年に始まった農林水産技術会議委託プロジェクト研究では、水産総合研究センターおよび県の水産試験場、大学などわが国のウナギ研究に関わるほとんどの研究者が結集して、孵化後100日目までの生残率を従来の10倍に引き上げることを目標に、親魚養成・催熟技術の向上、幼生の飼餌料開発および飼育環境の最適化などの全16課題に取り組んだ。さらに、2008年以降は課題の重点化が行われ、シラスウナギまでの生残率10倍アップを目標として、14課題の研究が進められている。

仔魚飼育に関しては、養殖研究所（現・増養殖研究所南勢庁舎）と志布志栽培漁業センター（現・増養殖研究所志布志庁舎）および南伊豆栽培漁業センター（現・増養殖研究所南伊豆庁舎）で、それぞれの特色を活かした研究を行っている。南勢では5～20ℓの小型水槽での飼育技術を高めることを目標に、水槽内の有害細菌の制御法などを開発して、従来よりはるかに安定した飼育を実現できるようになった。

志布志では、１００ℓ規模の大型水槽での飼育を目指して飼育技術を開発し、さらに飼育作業の一部を自動化する取り組みも進めている。南伊豆では当初、イセエビ幼生の飼育に用いられている清浄な海水を使った飼育に取り組んだが、飼育水や水槽を激しく汚すサメ卵飼料を用いるウナギ仔魚飼育には、きれいな水を使うだけではどうにもならないことが明らかにされた。現在では、１００ℓよりさらに大規模な水槽での種苗量産技術開発を模索している。

これらプロジェクトでの取り組みの結果、２００３年度と現在を比較すると、レプトセファルスの成長は早くなり、シラスウナギに変態するまでの日数は平均で数十日早まっている。日齢１００までの生残率やシラスウナギへの変態達成率にいたっては、１００倍以上の向上が達成されている。

このような研究の過程で、南勢と志布志では毎年数十尾、さらに百尾以上のシラスウナギが生産されるようになり、それらを大きく育てて親にして、さらに次世代を生み出す完全養殖を実現させようという夢が膨らんでいった。シラスウナギから先は一般の養殖と同じなので、育てるのは簡単だと高をくくっていたが、これがなかなか容易ではなかった。

一般の養殖場では数万尾、数十万尾というシラスウナギを一つの池に収容して育てるので、シラスウナギは競い合うように餌を食べてよく育つのである。それに対して、実験室ではほんの数尾のシラスウ

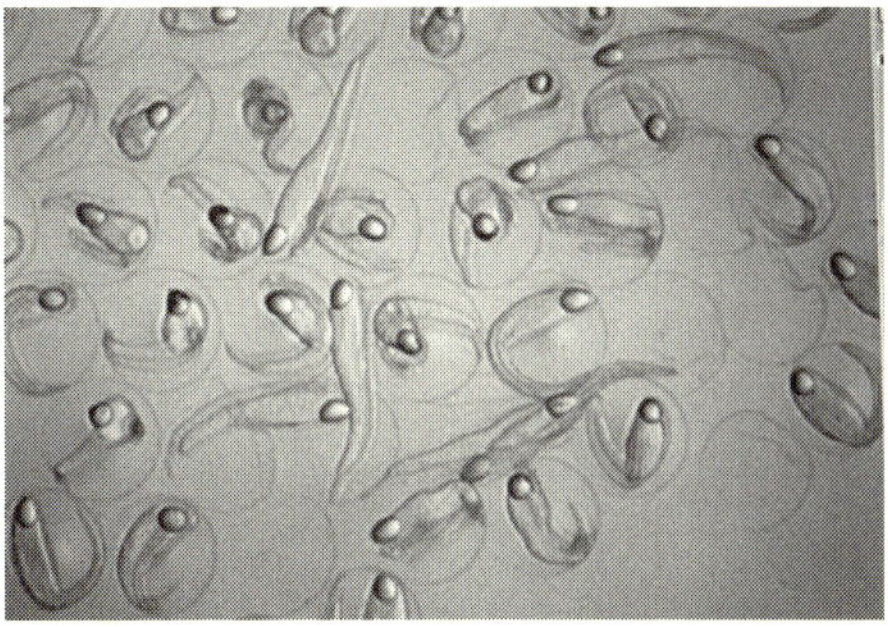

4.26　人工孵化第２世代（完全養殖）のウナギの孵化

ナギに餌付けしなければならない。互いに牽制し合ってなかなか餌を食べないし、ちょっと成長に差ができると大きいものが小さいものをいじめたり、時には共食いしてしまったりすることもある。さらに、外界とは接触がないはずなのにウナギの鰓につく寄生虫が発生して、気づかないうちに多数の貴重な人工孵化シラスウナギを死なせてしまったこともあった。また、天然のシラスウナギと同様、人工孵化シラスウナギも飼育条件下ではほとんどが雄になってしまうため、雌親をつくるためには雌化の操作が必要だった（第３章参照）。

こうして、初めてのシラスウナギ誕生から予想外に年月が経過してしまったが、南勢と志布志で養成をつづけてきた雌雄のウナギが、２００９年末には催熟可能な段階まで育っていることが確認された。少しでも多くの親ウナギを使って、歩調を合わせて成熟誘起をした方が成功の確率が高まると考え、２０１０年初めから南勢と志布志、同時スタートで成熟誘起処理を開始した。成熟が進むにつれて体調を崩すウナギが出現し、一時は完全養殖実現が危ぶまれた

4.27　志布志市から贈呈された「完全養殖成功」を祝うのぼり

が、志布志では今泉均の冷静な判断によって、3月26日以降、9個体の雌から合計200万個以上の卵が得られ、受精率、孵化率も良好な成績を示し、多数の第2世代の仔魚が誕生した(4・26)。南勢でも、困難な状況の中で何とか2個体の雌から受精卵が得られ、少数ながら孵化が確認された。

志布志で得られた人工孵化第2世代のウナギの仔魚は、増田賢嗣《よしつぐ》をはじめとする職員の献身的な飼育管理によって、かつてない良好な生残率と成長を示し、2010年の夏以降、600尾近くがシラスウナギに変態を遂げた。また、一部の仔魚は孵化後間もなく南勢にも送られ、南勢においても順調に成長をつづけている。このような良好な飼育成績が、人工生産第2世代だから飼育環境に適応しやすいためなのか、飼育技術の向上のためなのかは今後の検証が必要であるが、これらの仔魚は順調に発育する能力を持った健全な仔魚であることは確認された。このことによって、天然資源に依存せず、飼育環境下で世代を重ねる「ウナギの完全養殖」が世界で初めて達成された(4・27)。

7　未来のウナギ養殖

現在、通常のウナギ養殖は、天然のシラスウナギを捕獲して育てている。東アジア全体でウナギ養殖のために必要なシラスウナギは、年間およそ80t、4億尾にも上るといわれている。ところが、2009~2010年、2010~2011年の2シーズンつづけてシラスウナギは極端な不漁が続き、必要量の半分程度しか捕獲できなかった。そのため、シラスウナギは異常な高値を呼び、わずか体重0・2g程度のものが1尾200~300円、1kg(5000尾)で100万円を超える価格で取引される事態となった。それでも必要量が確保できないために成鰻価格も高騰をつづけ、1kg当たり3000円を超え、ウナギ料理店は苦しい経営を強いられている。

さらに2011~2012年のシラス漁は、過去2シーズンに輪をかけて史上最悪の不漁となり、シラスウナギの価格は1kg250万円以上、成鰻は1kg5000円以上という天井破りの高値となっている。そのため、養鰻業界、加工・流通業界、ウナギ料理業界はさらに厳しい状況に追い込まれ、シラスウナギの人工生産に対する業界の期待はかつてないほどに高まっている。

そういう状況の中で、「完全養殖の成功」は、シラスウナギが初めてできた時以上に大きなニュース

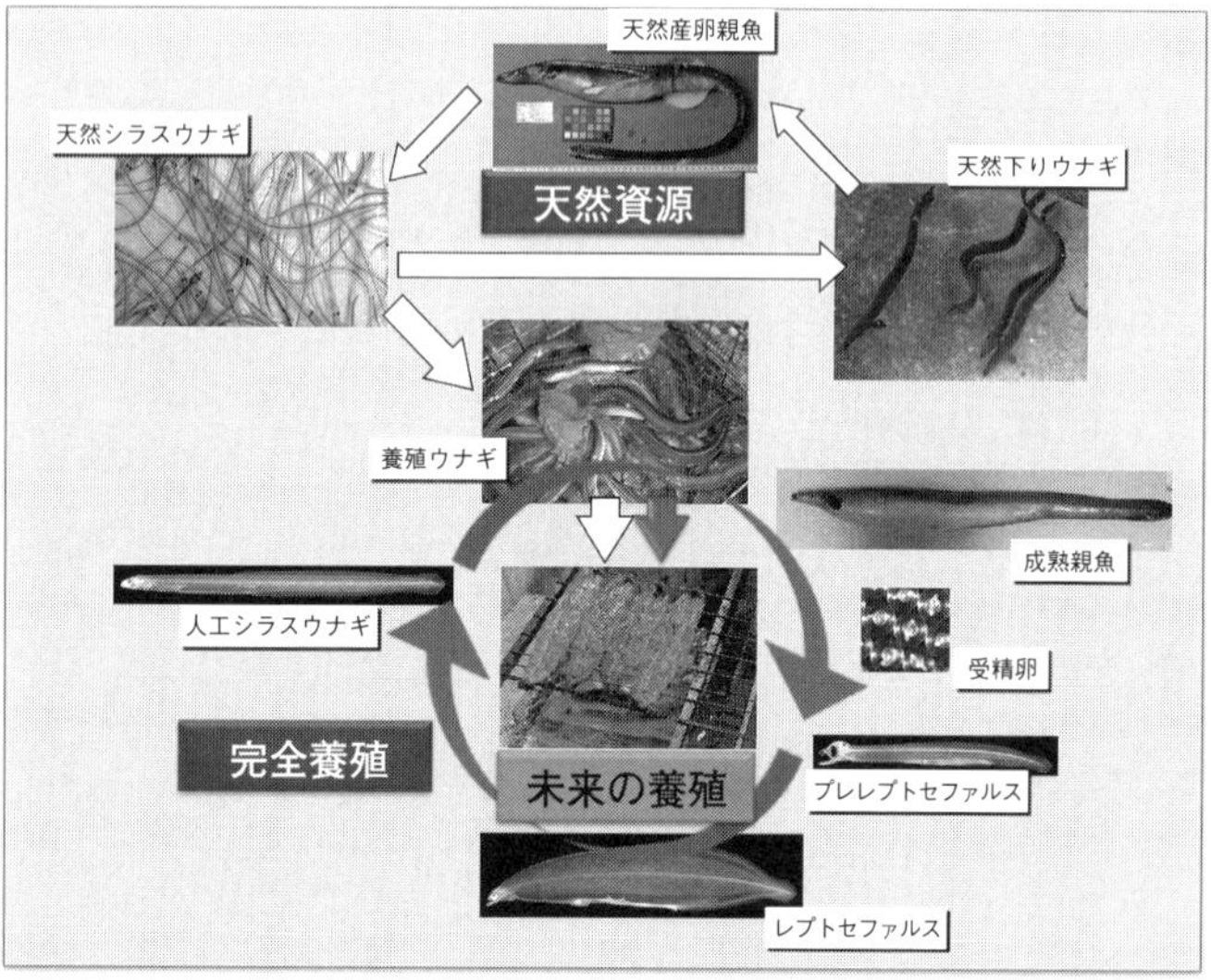

4.28　完全養殖がもたらす未来の養殖形態と天然資源の保全。中央の矢印は完全養殖のサイクルと蒲焼きへの利用、白矢印は天然資源のサイクルと養殖への利用を示す。完全養殖のサイクルから人工シラスウナギを蒲焼き用の養殖に振り向ける比率を高めることによって、天然シラスウナギを養殖に回す比率を下げることが可能となり、天然資源の保全に役立つ

となり、テレビや新聞で大々的に報道された。同時に、「完全」という言葉が誤解を引き起こさないよう、常に説明を加えなければならなかった。「完全養殖」というのは、人工孵化したものを親として次世代を生み出す技術のことであり、天然資源に依存しないウナギの生産サイクルができたことを指すが、生産規模を拡大できなければ産業には役立たない（4・28）。ただちに養殖のための天然シラスウナギが「完全」に不要になるわけではないのである。

　産業に役立ち、食卓に安定してウナギを届けるには、人工シラスウナギを低コストで大量生産する技術の開発が

必須である。その技術が実現すれば、人工シラスウナギで養殖用種苗の一部をまかなうことができるようになり、天然シラスウナギを養殖用種苗に回す比率を少しでも下げることができる。そうすれば、天然ウナギの資源保全にも役立ち、天然シラスウナギの漁獲量回復につながることも期待される（4・28）。

日本周辺の海は、世界でも有数の生産力の高い海である。また、私自身、ウナギ産卵場調査に参加して、海は途方もなく広く大きいことを改めて実感した。この海の莫大な生産力を、可能な範囲で利用しない手はない。ちっぽけな人の力で、養殖に必要なシラスウナギを全て人工的につくろうなどという大それたことを考えるよりも、できる範囲でシラスウナギの需要を補うのと同時に、天然ウナギの生活環境を整え、自然の生産力を最大限発揮してもらい、その一部を自然に負担を与えない範囲でありがたく利用させてもらうことを考えるべきである。

完全養殖が実現したことによって期待されるもう一つの重要な課題は、「育種」である。ウナギをはじめ、現在養殖されている魚のほとんどは野生種そのものである。一方、飼育されている牛や豚や鶏は、全て野生種とは異なり、人にとって有利な形質を備えた家畜へと改良されている。完全養殖技術によりウナギが飼育下で世代を重ねることによって、人にとって有利な養殖魚へと改良を進めることが夢ではなくなったのである。

育種目標としてまず最初に求められるのは、大量生産とコストの低減を実現するために不可欠な、早

4.29　大きく育った人工孵化第２世代ウナギ

く、丈夫にシラスウナギまで育つ性質であろう。その次には、シラスから商品サイズまでの成長や、肉質、皮の柔らかさや小骨の少なさなどの品質、病気にかかりにくいことや粗飼料でもよく育つことなど養殖において有利な、生産者や消費者に望まれる形質が期待される。

これまでに志布志と南勢では、合わせて700尾以上の人工孵化第2世代のウナギが稚魚となり、その中の選りすぐりのものたちが現在も成長をつづけている（4・29）。このウナギたちは将来どんな子孫を産み出してくれるのであろうか。

完全養殖の達成によって、ウナギ人工種苗生産研究はゴールしたのではなく、今まさに未来の養殖への新たなスタートを切ったばかりである。

引用文献

張　成年「産卵海域で成熟ウナギの捕獲に成功！」日本水産学会誌、74、９７９〜９８１、２００８

Chow S, Kurogi H, Mochioka N, Kaji S, Okazaki M and Tsukamoto K: Discovery of mature freshwater eels in the open ocean. ***Fisheries Science***, 75, 257–259, 2009

Fricke H and Tsukamoto K: Seamounts and the mystery of eel spawning. ***Naturwissenschaften***, 85, 290–291, 1998

Furuita H, Unuma T, Nomura K, Tanaka H, Sugita T and Yamamoto T: Vitamin contents of eggs that produce larvae showing a high survival rate in the Japanese eel ***Anguilla japonica***. ***Aquaculture Research***, 40, 1270–1278, 2009

Furuita H, Ishida T, Suzuki T, Unuma T, Kurokawa T, Sugita T and Yamamoto T: Vitamin content and quality of eggs produced by broodstock injected with vitamins C and E during artificial maturation in Japanese eel ***Anguilla japonica***. ***Aquaculture***, 289, 334–339, 2009

廣瀬慶二『うなぎを増やす』成山堂書店、東京、１４８、２００５

廣瀬慶二「最近の成熟・産卵制御法」（水産学シリーズ『海産魚の産卵・成熟リズム』）日本水産学会監修、廣瀬慶二（編）、恒星社厚生閣、東京、１２５〜１３７、１９９１

堀江則行・宇藤朋子・三河直美・山田祥朗・岡村明浩・田中　悟・塚本勝巳「ウナギの人工種苗生産における採卵法が卵質に及ぼす影響（搾出媒精法と自発産卵法の比較）」日本水産学会誌、74、26〜35、２００８

香川浩彦「雌の成熟促進技術」（水産学シリーズ『ウナギの初期生活史と種苗生産の展望』）日本水産学会監修、多部田

修（編）、恒星社厚生閣、東京、95～107、1996
香川浩彦「ウナギの繁殖生理学」特集ウナギ学、海洋と生物、**23**、130～136、2001
香川浩彦「ウナギの卵成熟・排卵および卵質に及ぼす要因の解明」水産総合研究センター研究報告、別冊（5）、39～44、2006

Kagawa H: Artificial induction of oocyte maturation and ovulation. In: Aida K, Tsukamoto K, Yamauchi K (eds) Eel Biology, Springer, Tokyo, 401–414, 2003

Kagawa H, Tanaka H, Ohta H, Unuma T and Nomura K: The first success of glass eel production in the world: basic biology on fish reproduction advances new applied technology in aquaculture. ***Fish Physiology and Biochemistry***, 31, 193–199, 2005

Kagawa H, KasugaY, Adachi J, Nishi A, Hashimoto H, Imaizumi H and Kaji S: Effects of continuous administration of human chorionic gonadotropin, salmon pituitary extract, and gonadotropin-releasing hormone using osmotic pumps on induction of sexual maturation in male Japanese eel, ***Anguilla japonica. Aquaculture***, **296**, 117–122, 2009

Kagawa H, Horiuchi Y, Kasuga Y and Kishi T: Oocyte hydration in the Japanese eel (***Anguilla japonica***) during meiosis resumption and ovulation. ***Journal of Experimental Zoology***, 311A, 752–762, 2009

Kagawa H, Kishi T, Gen K, Kazeto Y, Tosaka R, Matsubara H, Matsubara T and Sawaguchi S: Expression and localization of aquaporin 1b during oocyte development in the Japanese eel (***Anguilla japonica***). ***Reproductive Biology and Endocrinology***, 9, 71, 2011

Kajihara T: Distribution of Anguilla japonica leptocephali in Western Pacific during September 1986. ***Bulletin of the Japanese Society of Scientific Fisheries***, 54, 929–933, 1988

Khan IA, Lopez E and Leloup-Hâtey J: Induction of spermatogenesis and spermiation by a single injection of human chorionic gonadotropin in intact and hypophysectomized immature European eel (*Anguilla anguilla* L.). ***General and Comparative Endocrinology***, **68**, 91–103, 1987

Kimura S, Tsukamoto K and Sugimoto T: A model for the larval migration of the Japanese eel: roles of the trade winds and salinity front. ***Marine Biology***, **119**, 185–190, 1994

Kimura S and Tsukamoto K: The salinity front in the North Equatorial Current: A landmark for the spawning migration of the Japanese eel (***Anguilla japonica***) related to the stock recruitment. ***Deep-Sea Research*** II, **53** (3–4), 315–325, 2006

黒木洋明「ウナギ親魚捕獲の現場」日本水産学会誌、**76**（３）、４４６～４４８、２０１０

Kurogi H, Okazaki M, Mochioka N, Jimbo T, Hashimoto H, Takahashi M, Tawa A, Aoyama J, Shinoda A, Tsukamoto K, Tanaka H, Gen K, Kazetou Y, Chow S: First capture of post-spawning female of the Japanese eel ***Anguilla japonica*** at the southern West Mariana Ridge. ***Fisheries Science***, **77**, 199–205, 2011

増田賢嗣・今泉　均・小田憲太朗・橋本　博・足立純一・加治俊二・照屋和久「天然雌親魚と比較したウナギ雌化養成親魚の催熟成績」栽培漁業センター技報、**13**、１～９、２０１１

松井　魁『鰻学〈養成技術篇〉』恒星社厚生閣、東京、２８５～７３７、１９７２

Miura T, Yamauchi K, Nagahama Y and Takahashi H: Induction of spermatogenesis in male Japanese eel, Anguilla japonica, by a single injection of human chorionic gonadotropin. ***Zoological Science,*** **8**, 63–73, 1991

Mochioka N and Iwamizu M: Diet of anguillid larvae: leptocephali feed selectively on larvacean houses and fecal pellets. ***Marine Biology***, **125**, 447–452, 1996

Ohta H, Kagawa H, Tanaka H, Okuzawa K and Hirose K: Changes in fertilization and hatching rates with time after ovulation induced by 17, 20β-dihydroxy-4-pregnen-3-one in the Japanese eel, ***Anguilla japonica***. ***Aquaculture***, **139**, 291–301, 1996

Ohta H, Kagawa H, Tanaka H, Okuzawa K and Hirose K: Milt production in the Japanese eel ***Anguilla japonica*** induced by repeated injections of human chorionic gonadotropin. ***Fisheries Science*, 62**, 44–49, 1996

Ohta H and Izawa T: Diluent for cool storage of the Japanese eel（***Anguilla japonica***）spermatozoa. ***Aquaculture*, 142**, 107–118, 1996

Ohta H, Higashimoto Y, Koga S, Unuma T, Nomura K, Tanaka H, Kagawa H and Arai K: Occurrence of spontaneous polyploids from the eggs obtained by artificial induction of maturation in the Japanese eel（***Anguilla japonica***）. ***Fish Physiology and Biochemistry*, 28**, 517–518, 2003

Ozawa T, Tabeta O and Mochioka N: Anguillid leptocephali from the western North Pacific east of Luzon, in 1988 ***Nippon Suisan Gakkaishi*, 55**, 627–632, 1989

佐藤英雄「ウナギの完全飼育をめざす」遺伝、33、23〜30、１９７９

Schmidt J: The breeding places of the eel. ***Philosophical Transactions of the Royal Society***, B **211**, 179–208, 1922

Tabeta O, Tanaka K, Yamada J and Tzeng WN: Aspects of the early life history of the Japanese eel Anguilla japonica determined from otolith microstructure. ***Nippon Suisan Gakkaishi*, 53**, 1727–1734, 1987

隆島史夫「各論ウナギ」（『水族育成論――増養殖の基礎と応用』）成山堂書店、東京、１６４〜１７１、１９９７

Tanaka H, Kagawa H, Ohta H, Okuzawa K and Hirose K: The first report of eel larvae ingesting rotifers. ***Fisheries Science*, 61**, 171–172, 1995

田中秀樹「孵化仔魚の飼育」（水産学シリーズ『ウナギの初期生活史と種苗生産の展望』）日本水産学会監修、多部田　修（編）、恒星社厚生閣、東京、１１９〜１２７、１９９６

Tanaka H, Ohta H and Kagawa H: Production of leptocephali of Japanese eel（***Anguilla japonica***）in captivity. ***Aquaculture*, 201**, 51–60, 2001

Tanaka H, Kagawa H, Ohta H, Unuma T and Nomura K: The first production of glass eel in captivity: fish reproductive physiology facilitates great progress in aquaculture. ***Fish Physiology and Biochemistry***, **28**, 493–497, 2003

Tanaka S: Collection of leptocephali of the Japanese eel in waters South of the Okinawa Island. ***Bulletin of the Japanese Society of Scientific Fisheries***, 41, 129–136, 1976

塚本勝巳「ウナギの産卵場」（水産学シリーズ『ウナギの初期生活史と種苗生産の展望』）日本水産学会監修、多部田　修（編）、恒星社厚生閣、東京、11～21、１９９６

Tsukamoto K: Recruitment mechanism of the eel, Anguilla japonica, to the Japanese coast. ***Journal of Fish Biology***, **36**, 659–671, 1990

Tsukamoto K: Discovery of the spawning area for the Japanese eel. ***Nature***, **356**, 789–791, 1992

Tsukamoto K: Spawning of eels near a seamount. ***Nature***, **439**, 929, 2006

Tsukamoto K, Otake T, Mochioka N, Lee TW, Fricke H, Inagaki T, Aoyama J, Ishikawa S, Kimura S, Miller MJ, Hasumoto H, Oya M and Suzuki Y: Seamounts, new moon and eel spawning: the search for the spawning site of the Japanese eel. ***Environmental Biology of Fishes***, **66**, 221–229, 2003

Tsukamoto K, Chow S, Otake T, Kurogi H, Mochioka N, Miller MJ, Aoyama J, Kimura S, Watanabe S, Yoshinaga T, Shinoda A, Kuroki M, Oya M, Watanabe T, Hata K, Ijiri S, Kazeto Y and Tanaka H: Oceanic spawning ecology of freshwater eels in the western North Pacific. ***Nature Communications***, **2** February, 2011

Unuma T, Kondo S, Tanaka H, Kagawa H, Nomura K and Ohta H: Determination of the rates of fertilization, hatching and larval survival in the Japanese eel, ***Anguilla japonica***, using tissue culture microplates. ***Aquaculture***, **241**, 345–356, 2004

Unuma T, Hasegawa N, Sawaguchi S, Tanaka T, Matsubara T, Nomura K and Tanaka H: Fusion of lipid droplets in

Japanese eel oocytes: Stage classification and its use as a biomarker for induction of final oocyte maturation and ovulation. *Aquaculture*, **322-323**, 142-148, 2011
山本喜一郎『ウナギの誕生——人工孵化への道』北海道大学図書刊行会、札幌、２０２、１９８０
Yamauchi K, Nakamura M, Takahashi H and Takano K: Cultivation of larvae of Japanese eel. *Nature*, **263**, 412, 1976
横瀬久芳「日本ウナギの産卵場に関する地学的アプローチ」月刊海洋号外（総特集「ウナギ資源の現状と保全」）、**48**、45～58、２００８
吉松隆夫「ウナギプレレプトケファルス幼生の形態変化と摂餌器官の発達」三重大学大学院生物資源学研究科紀要、**37**、11～18、２０１１
余延基・蔡中利・蔡永舜・頼仲義「白鰻誘導繁殖試験」水産研究、**1**、27～34、１９９３
王义强・赵长春・施正峰・张克俭・譚玉钧・李元善（上海水产学院）、杨叶金・洪玉堂（福建省水产研究所）「河鰻人工繁殖的初步研究」水産学報、**4**、１４７～１５８、１９８０

分離浮性卵　151, 208
ペプチド　248, 251
変態　49
北光丸　94, 99
ホルモン　137, 139

【ま】
マリアナ諸島西方海域　56, 58
ミンダナオ海流　103
ムチン 15, 22

【や】
山本喜一郎　33〜35, 135
誘起産卵法　153, 179, 184
輸精管　169
ヨーロッパウナギ　30, 32, 43, 52, 54, 108, 115

【ら】
卵核胞　144
卵質　187
卵母細胞　130, 131
卵膜　175
卵門　144, 175
リアルタイム PCR　74
レプトセファルス　28, 36, 38, 49, 51, 52, 217, 222, 243, 253, 255

【わ】
ワシントン条約　30, 32
ワムシ　24, 45, 46, 208, 210, 220, 221, 233

耳石　60, 72, 78
死滅回遊　103
受精卵　179
シュミット, ヨハネス　33, 52
松果体　137
照洋丸　94
シラスウナギ　24, 28, 105, 117, 253, 255〜257, 260, 261
新月　72, 73, 78, 79
人工授精法　179, 184
人工精漿　178
スルガ海山　63, 64, 71, 79, 99, 103
駿河丸　64
性決定　112
性決定遺伝子　112, 113
精原細胞　168
精細胞　168
精子　168
精子変態　168
成熟誘起ステロイド　145, 146, 152, 165, 186, 192
精漿　170, 177
生殖腺刺激ホルモン　35, 137, 140, 158
生殖腺刺激ホルモン放出ホルモン　137
性転換　117
性比　109, 111
精母細胞　168
背開き　18

【た】

多回産卵　42
天鷹丸　94, 98

【な】

長濱嘉孝　146
西マリアナ海嶺　95, 99
ニホンウナギ　16, 43, 48, 50, 54, 56, 91, 105
脳下垂体　35, 38, 41
脳下垂体抽出液　138〜140, 150, 165, 186

【は】

排精　170
排卵　170
排卵後過熱　196
排卵後濾胞　92
白鳳丸　56, 59, 82, 98, 222
腹開き　18
春夏産卵魚　125
ハングリードッグ作戦　77
ヒト胎盤性生殖腺刺激ホルモン　138, 163
日比谷京　33
平賀源内　17
孵化仔魚　36, 38
負の走光性　241
プレレプトセファルス　36, 42, 46, 49, 62, 67, 78, 96, 100, 101, 103, 225, 243
フロント仮設　95

さくいん

【A～Z】
Big Fish　74, 100
GSI　163, 164
hCG　166
JAS法　20
SRY遺伝子　112

【あ】
アクアポリン　150
アメリカウナギ　53, 54
ウナギ谷　99
海鷹丸　65
エストラジオール　118
エルニーニョ　103
塩分フロント　76, 85, 95, 98, 101, 102
オオウナギ　90
おしょろ丸　94
オスモティックポンプ　156
オタマボヤ　237, 238
親ウナギ　81, 85, 92, 99, 101, 104
温度躍層　100

【か】
海山　62, 69, 79
海山仮設　88
海山列　95, 98, 101
カイヨウポイント　86, 90, 96, 99, 103
開洋丸　81, 82, 98, 129
加温式養殖　25, 27
カニューラ法　193
完全養殖　262, 264～268
乾導法　181
黄ウナギ　50
北赤道海流　68
銀ウナギ　50
下りウナギ　35, 41, 123, 128
グリッドサーベイ　59
クロコ　26, 49
黒潮　104
クロロフィル　100, 101
敬天丸　56
原産地偽装　20
高密度飼育　114, 115
国際資源管理　105

【さ】
サザンシフト　103
サメ卵粉末　237, 238, 252
サルガッソ海　33, 53～55
仔魚　49
仔魚膜　208, 257
仔魚密度　104

編者略歴

虫明敬一（むしあけ・けいいち）

水産総合研究センター西海区水産研究所センター長。ウナギ委託プロジェクト研究推進リーダー。

1958年、岡山県生まれ。農学博士。広島大学大学院農学研究科修士課程修了。

日本栽培漁業協会技術員、日本栽培漁業協会主任技術員、日本栽培漁業協会場長、水産総合研究センター本部課長、水産総合研究センター養殖研究所センター長、水産総合研究センター養殖研究所部長を歴任し、現職。

主な著書は、『ブリの資源培養と養殖業の展望』（共著、恒星社厚生閣）、「シマアジ」（『水産増養殖システム——海水魚』所収、恒星社厚生閣）など。

著者略歴（50音順）

太田博巳（おおた・ひろみ）

近畿大学農学部教授。ウナギ委託プロジェクト研究参画研究者。

1953年、大阪府生まれ。水産学博士。北海道大学大学院水産学研究科博士課程単位取得退学。

北海道立水産孵化場科長、水産庁養殖研究所主任研究官、水産庁養殖研究所室長を歴任し、現職。

主な著書は、『ウナギの初期生活史と種苗生産の展望』（共著、恒星社厚生閣）、『クロマグロ完全養殖』（共著、成山堂書店）、『日本の希少淡水魚の現状と系統保存』（共著、緑書房）、『Eel Biology』（共著、Springer-Verlag）、『Methods in Reproductive Aquaculture』（共著、CRC Press）など。

香川浩彦（かがわ・ひろひこ）

宮崎大学農学部教授。ウナギ委託プロジェクト研究参画研究者。

1953年、愛媛県生まれ。水産学博士。北海道大学大学院水産学研究科博士課程単位取得退学。基礎生物学研究所日本学術振興会奨励研究員、産業医科大学助手、水産庁養殖研究所研究員、水産庁養殖研究所主任研究官、水産庁養殖研究所室長を歴任し、現職。

主な著書は、『水産大百科事典』（共著、朝倉書店）、『水産海洋ハンドブック』（共著、生物研究社）、『ウナギの初期生活史と種苗生産の展望』（共著、恒星社厚生閣）、『海産魚類の産卵・成熟リズム』（共著、恒星社厚生閣）、『環境ホルモン――水産生物に対する影響実態と作用機構』（共著、恒星社厚生閣）、『Eel Biology』（共著、Springer-Verlag）、『Sparidae』（共著、Wiley-Blackwell）など。

田中秀樹（たなか・ひでき）

水産総合研究センター増養殖研究所グループ長。ウナギ委託プロジェクト研究チームリーダー。

1957年、大阪府生まれ。農学博士。京都大学大学院農学研究科修士課程修了。

水産庁養殖研究所研究員、水産庁養殖研究所主任研究官、水産総合研究センター養殖研究所主任研究官、水産総合研究センター養殖研究所グループ長を歴任し、現職。

主な著書は、『Eel Biology』（共著、Springer-Verlag）、『水産の21世紀　海から拓く食料自給』（共著、京都大学学術出版会）など。

塚本勝巳（つかもと・かつみ）

東京大学大気海洋研究所教授。ウナギ委託プロジェクト研究参画研究者。

１９４８年、岡山県生まれ。農学博士。東京大学大学院農学系研究科博士課程中途退学。

東京大学海洋研究所助手、東京大学海洋研究所助教授、東京大学海洋研究所教授を歴任し、現職。

主な著書は、『グランパシフィコ航海記』（編著、東海大学出版会）、『海の生命観』（編著、東海大学出版会）、『Eel Biology』（共編著、Springer-Verlag）、『魚類生態学の基礎』（編著、恒星社厚生閣）、『旅するウナギ』（共著、東海大学出版会）など。

廣瀬慶二（ひろせ・けいじ）

水産総合研究センター「水産技術」編集委員。

１９３７年、新潟県生まれ。農学博士。東京大学大学院農学系研究科博士課程修了。

東京大学農学部助手、水産庁東海区水産研究所主任研究官、水産庁養殖研究所部長、水産庁中央水産研究所部長、日本栽培漁業協会参与を歴任。

主な著書は、『海産魚の産卵・成熟リズム』（恒星社厚生閣）、『うなぎを増やす』（成山堂書店）など。

虫明敬一（むしあけ・けいいち）
前出の編者略歴を参照。

うなぎ・謎の生物

2012年7月2日　初版発行

編者　虫明敬一
発行者　土井二郎
発行所　築地書館株式会社
東京都中央区築地 7-4-4-201　〒104-0045
TEL 03-3542-3731　FAX 03-3541-5799
http://www.tsukiji-shokan.co.jp/
振替 00110-5-19057
印刷・製本　シナノ印刷株式会社
装丁　椿屋事務所

© Keiichi Mushiake 2012 Printed in Japan
ISBN 978-4-8067-1441-5　C0045

・本書の複写にかかる複製、上映、譲渡、公衆送信（送信可能化を含む）の各権利は築地書館株式会社が管理の委託を受けています。
・JCOPY 〈(社)出版者著作権管理機構 委託出版物〉
本書の無断複写は著作権法上での例外を除き禁じられています。複写される場合は、そのつど事前に、(社)出版者著作権管理機構（電話 03-3513-6969、FAX 03-3513-6979、e-mail : info@jcopy.or.jp）の許諾を得てください。

● 関連書籍 ●

マグロのふしぎがわかる本

中野秀樹＋岡 雅一【著】
2,000 円＋税

マグロのことなら、これ１冊！
おいしいマグロの種類はどれ？
マグロの進化、寿命、美味しい調理法、
流通の歴史から資源管理まで。
これからマグロは食べられなくなる？
気になるマグロのふしぎを大解剖！

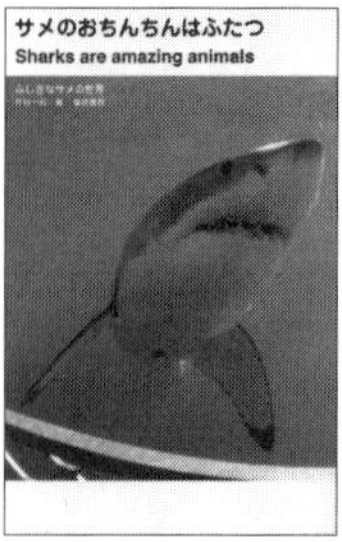

サメのおちんちんはふたつ
ふしぎなサメの世界

仲谷一宏【著】
1,900 円＋税

魚の中でもっともユニークな
姿・形を持つサメ。
ダイビングで見かけるサメから、
未知なる深海のサメまで、
サメ研究の第一人者が、
わかりやすくその生態を解き明かす。

● 関連書籍 ●

天然アユが育つ川

高橋勇夫【著】
1,800円＋税

天然アユのあふれる川をつくりたい！
「川に潜る研究者」が、
天然アユのほんとうの話と、
アユを増やす先進的な取り組みを紹介。
あらゆるアユの疑問に答えます。

アユ学
アユの遺伝的多様性の利用と保全

谷口順彦＋池田実【著】
3,000円＋税

遺伝学でわかったアユのすべてを、
最新の研究データをもとに解説。
全国のアユの類縁関係などから、
意外な事実がわかってきた。
天然アユを保全・保護するための、
漁業、養殖、自然保護に携わる人の必読書。